中国电机工程学会译丛

CSEE-INTL-2017-T01

配电技术及其经济与管理

Electricity Distribution Technology with Economy and Management

[芬兰] Erkki Lakervi　Jarmo Partanen　著

张毅威　范明天　赵建军 等　译

中国电力出版社
CHINA ELECTRIC POWER PRESS

内 容 提 要

配电网是现代社会基础设施的一部分。优质的配电网规划与建设需要以安全可靠、经济高效、低碳环保为目标。本书从配电网整体经济性的角度出发，介绍了欧洲配电网在电力市场环境下的规划设计方法，强调了中低压配电网设计的系统性、规划的精准性以及供电可靠性与电压质量的重要性，并给出了电力市场环境下配电网规划的实际案例。

本书分为四部分内容：第一部分为第1～2章，介绍了配电业务的运营环境；第二部分为第3～5章，介绍了配电网经济技术的分析方法及原则；第三部分为第6～8章，介绍了高中低压配电网的规划方法；第四部分为第9～11章，介绍了基于资产管理的运营模式及绩效管理。最后，在附录中介绍了芬兰配电行业相关的组织机构和发展中国家农村电气化的问题。

本书是关于电力市场环境下配电网业务发展规划的一部十分有用的专著，可为相关技术及管理人员对当前电力市场环境下的配电技术及其经济与管理问题提供系统性的认识，并可为规划设计人员制定配电网长期发展战略以及实施具体规划提供科学的思路和方法。

图书在版编目（CIP）数据

配电技术及其经济与管理／（芬）埃尔基·拉可维（Erkki Lakervi），（芬）加莫·帕塔纳（Jarmo Partanen）著；张毅威等译. —北京：中国电力出版社，2018. 1

（中国电机工程学会译丛）

ISBN 978-7-5123-9455-1

Ⅰ. ①配…　Ⅱ. ①埃…　②加…　③张…　Ⅲ. ①配电系统-工程项目管理　Ⅳ. ①TM727

中国版本图书馆 CIP 数据核字（2016）第139081号

出版发行：中国电力出版社
地　　址：北京市东城区北京站西街19号（邮政编码100005）
网　　址：http：//www. cepp. sgcc. com. cn
责任编辑：陈　丽（010-63412348）陈　倩
责任校对：常燕昆
装帧设计：王英磊　赵姗姗
责任印制：邹树群

印　　刷：北京雁林吉兆印刷有限公司
版　　次：2018年1月第一版
印　　次：2018年1月北京第一次印刷
开　　本：710毫米×980毫米　16开本
印　　张：13
字　　数：238千字
印　　数：0001—1500册
定　　价：96. 00元

译者序

为了满足社会经济的发展以及国家能源结构战略性调整的需要，我国的电力行业同时面临着电力需求增长快、低碳减排任务重等诸多挑战。在配电网发展方面，我国在新电改的形势下，既要扩大配电网规模，还要满足分布式能源接入及老旧设备升级改造的需求。发达国家的配电企业，在已完成不同程度的电网运营机制改革的基础上，既要面临新增需求放缓的问题，还要应对电网智能化的挑战。虽然我国与发达国家在当前配电网发展方面面临着不同的问题，但是本书所考虑的在电力市场环境下现代配电网发展的规划设计方法，涉及的因素更多，规划精准性的要求更高，其内容皆属于配电企业和相关设计单位所应重点关注的核心问题。

本书译自芬兰学者 Erkki Lakervi 和 Jarmo Partanen 所著的《Electricity Distribution Technology with Economy and Management》一书。该书第一作者的《配电网规划与设计》一书曾于 1999 年引入中国，并 5 次再版，深受广大读者欢迎。随着欧洲电力市场化的发展及监管环境的变化，配电企业的技术经济与管理模式也发生了重大改变。基于此，作者对原著进行了大量的修订，在新书中增加了电力市场环境下配电网的发展规划原则及相关因素、中低压配电网规划设计方法、基于资产管理的运营模式以及配电企业绩效管理等方面的内容。

本书的译校和统稿过程历时五载。本书翻译出版的目的是，在世界范围电力市场化及配电网智能化的发展转型中，深入了解发达国家配电网的发展模式及其积累的宝贵经验，从而可为我国配电网未来的发展和改造及其解决方案提供启迪和借鉴。

本书共分四部分内容：第一部分为1～2章，介绍了配电网发展的外部条件、运营环境和组织机构；第二部分为3～5章，介绍了配电网发展的经济技术分析方法（设备模拟方法、配电网计算方法）、经济技术原则及其相关影响因素；第三部分为6～8章，介绍了高、中、低压配电网的发展规划方法以及故障电流保护相关问题；第四部分为第9～11章，介绍了基于资产管理原则的运营模式、规划设计工具以及绩效管理相关问题。最后，在附录中介绍了芬兰配电行业相关的组织机构，并讨论了发展中国家农村电气化的问题。

本书旨在使相关技术及管理人员对电力市场环境下配电网的发展有系统性的认识，也可以为规划设计人员提供配电网规划科学的思路和方法。

本书英文各章的翻译初稿分别由下列人员完成：清华大学张毅威（第1～3章，附录A），刘蒙（第4章、第9～11章），林文森（第5章），丁超杰（附录B），国网苏州市供电公司王亮（第6章），三峡大学肖征宇（第7、8章）。全书由清华大学张毅威、中国电力科学研究院范明天和中国电机工程学会赵建军完成统稿。此外，中国电力科学研究院的张祖平、惠慧，上海交通大学的王承民，国网北京市电力公司的部分专家和研究人员以及上海博英信息科技有限公司张东南也参与了本书的校稿工作，并提出了许多宝贵的意见和建议，在此谨表示衷心的感谢！

译者

2017年8月

目　录

1 引　言

配电网是现代社会基础设施的一部分。目前，电力客户所期待的是近乎连续不断的电力供应。配电网业务提供服务的费用占客户电价费用的比例相当大，对于小型电力客户而言，配电部分的费用占其总电价的30%以上。另外，配电网的特性几乎完全决定了电能质量的两个关键因素，即供电可靠性和电压质量。配电网业务一方面具有区域垄断的自然属性，另一方面，必须满足相关经济及技术法规的严格要求。从20世纪90年代起，世界各地开始推动并实施了电力行业体制改革和电力市场化改革。在芬兰，《电力市场法》颁布之后，配电网业务已经独立于其他电力和能源业务。

由于配电网中的架空线逐渐老化，芬兰配电网的很大部分线路在2008~2020年间需要改造。这是一个重大的挑战，但同时也是一个重要的机会。配电网的电网结构和各种设备需要大量投资，如芬兰配电网的改造所涉及的电网价值将超过120亿欧元。由于配电网的使用年限通常较长，如架空电网一般为40~50年，电缆电网甚至长达100年，因此，关键的问题是，配电网的发展和改造应该采用什么样的技术方案，以及如何实施这一过程。可以预见，到21世纪末，现有配电网至少有一部分仍将继续使用。由于配电网具有资本密集度高和设备使用年限长的业务特征，因此必须精确地预测未来的需求和要求，这就更加突出了配电网规划及其设备选择的重要性。

在芬兰，配电网的年投资总额约为2.5亿欧元，其特殊性在于这一投资总额是由若干较小及相对独立的投资所构成的。因此，为了达到最佳的整体效果，规划工作在配电企业的所有层面都必须具有专业水准。

对配电网的一部分进行设计使其满足技术要求，通常是一个相对简单的任务，一般技术人员通过短期培训就可以胜任。但是，制订一个具有灵活性及经济性的配电网规划，其难度则大为增加，因为需要考虑各种因素所设定的要求，如配电网的其他区域、环境限制、电力需求以及分布式发电接入所引起的变化等，这对规划人员有了更高的要求。

在过去几年里，发达国家的电力需求增速已经放缓，这增加了配电网“过度建设”所引起的财务负担；另外，近年来对供电可靠性的要求有所提高，能源产业的规模也有所增加，电网所有者对收益的预期也提高了，相关机构对电网的监管更加主动。以上这些都使得配电业务的灵活性和经济性更加重要。因此，配电网规划过程中，对规划精准性的要求更高，从而需要考虑更多的因素。

本书主要讨论配电网的核心问题，即配电网发展和改造，并主要针对芬兰的配电网的实践进行讨论。本书旨在提高相关技术人员对配电网的技术、经济和管理问题的认识。对于有经验的配电网规划和设计人员，本书不仅可以作为配电网规划基本思路方法的参考书，还可以作为实施配电网长期发展战略的灵感之泉。

2 配电网业务

2.1 芬兰电力系统基本情况

芬兰面积约33.8万km^2，2013年人口约541万。芬兰的电力系统是北欧互联电力系统的一部分，北欧互联电网由芬兰、瑞典、挪威和丹麦东部的电网所组成。此外，芬兰还与俄罗斯和爱沙尼亚通过直流互联，北欧互联系统还通过直流与欧洲大陆电网互联。

芬兰电网分为主干网（main grid）、区域网（regional grid）和配电网（distribution grid）三个层级。主干网的电压等级为400kV、220kV和110kV，输电线路长度约14 000km，超高压变电站113座；区域网的电压等级为110kV，线路长度为7500km；配电网或者直接与主干网连接，或者通过区域网间接与主干网连接，其电压等级为20kV、10kV、1kV和0.4kV，中压线路约137 000km，低压线路约232 400km。发电厂则根据具体情况与主干网、区域网或配电网连接。

芬兰主干网及其大部分国际联网的所属权归芬兰国有和几个保险公司，并由芬兰国家电网公司运营。区域网和配电网则由上百个电网公司运营，大部分芬兰配电网公司的所属权归市政或市政公司。

2015年芬兰的年用电量为825亿kWh（人均用电量为15 500kWh/人），其中工业用电约占47%，居民用电和农业用电约占23%，服务业和建筑用电约占27%，输电网（主干网和区域网）的电能损耗约为3%。2015年的年发电量中，核能发电占27.1%，居民用户热电联产占14.2%，工业热电联产占10.7%，水力发电占20.1%，独立发电占5.3%，进口电量占19.8%，风力发电占2.8%。2015年的峰荷为13 580MW，出现在1月。2015年芬兰的平均上网电价为4.1欧分/kWh，平均工业电价为8.75欧分/kWh，平均居民电价为15.3欧分/kWh。

芬兰电力体制改革和市场化运作起步较早，从20世纪90年代初开始，经过多年电力市场化运作，芬兰作为北欧电力市场的一部分，已进入相对成熟的阶段。通过与北欧其他国家协商，芬兰政府及相关专业协会制定了有关规定及相应的市场规则，用于规范、约束和指导企业的行为，同时为电力企业提供咨询服务和建立沟通渠道。芬兰能源工业协会（The Finnish Energy，ET）成立于2004年，为能源领域的行业和劳动政策组织，其成员包括电力生产商、电网运营商以及电力销售批发商、零售商等，包括 250 个成员公司。ET 的主要职责是：① 为营造自由的电力市场商业氛围创造条件；② 协调会员间的关系；③ 强化协会在行业中的权威和决策地位；④ 开展并参与电力行业的国内外学术交流；⑤ 制定行业标准；⑥ 及时向会员发布行业信息；⑦ 为会员提供法律咨询和建议；⑧ 组织和协调相关部门参与电力行业财务、税收、环保等问题的研究；⑨ 开展行业综合统计分析工作等。在电力市场化改革的进程中，政府在电价监管方面发挥着重要的作用，这主要由芬兰国家贸易与工业部的能源市场管理局（Energy Market Authority，EMA）主管此项工作，其主要任务是：① 提高电力市场的有效竞争；② 限制垄断行为；③ 监管输电网及配电网的定价；④ 为配电企业发放营业许可证；⑤ 收集和发布价格信息等。

2.2 配电系统

配电系统的技术功能就是把来自输电网的和来自与配电网直接相连的发电厂的电力输送到电力终端用户。配电网包括了高压配电网（110kV）、若干主变电站（110/20kV）、中压配电网（20kV）、若干配电变电站（20/0.4kV）和低压配电网（0.4kV）。

配电系统的资产价值很高，如芬兰配电系统 2008~2020 年的改造涉及到的电网价值约为 120 亿欧元。一个配电系统通常由许多不同的设备和线路组成，如芬兰配电系统约由 800 个主变电站、14 万 km 中压线路、10 万个配电变电站和 23 万 km 低压线路组成，其中大多数的配电网由架空线构成，典型的 110kV 和 20kV 架空线是架空裸导线，如图 2-1（a）所示；在城市地区，配电网主要由地下电缆构成，低压电网的线路分别为架空集束线和地下电缆，如图 2-1（b）和图 2-1（c）所示。在芬兰，35% 的低压线路和 11% 的中压线路为地下电缆或水下电缆。

（a）20kV 中压架空线路　（b）低压架空集束线　（c）低压地下电缆

图 2-1　线路图例

在芬兰，配电网典型的设备价格和建设成本分别如表2-1和表2-2所示。

表2-1　　芬兰配电网设备的典型价格表

设　　备	单位	价格（万欧元）
110kV架空裸导线	km	6~10
110/20kV主变压器	台	20~30
110/20kV主变电站（包括主变压器）	单元	50~300
20kV架空裸导线	km	2.0
20kV架空绝缘线	km	2.6
20kV地下电缆（取决于挖掘成本）	km	4.3~10
20/0.4kV配电变电站（取决于配电变电站的容量和类型）	单元	0.6~2.0
0.4kV架空集束线	km	1.2~1.8
0.4kV地下电缆（取决于挖掘成本）	km	1.1~3.0

表2-2　　芬兰配电网的建设成本

设　　备	单位	价格（万欧元）
低压架空集束线，截面35mm^2	km	1.23
柱上配电变电站，配电变压器容量30kVA	单元	0.62
低压地下电缆（农村地区），截面120mm^2	km	2.38
箱式配电变电站，配电变压器容量500kVA	单元	3.75
中压架空钢芯铝绞线，截面54/9mm^2	km	1.96
中压架空绝缘线，截面70mm^2	km	2.58
中压地下电缆（城市地区），截面120mm^2	km	6.80
110/20kV主变电站，主变压器容量16MVA	单元	80.00

配电系统除了一次设备外，还包括大量的二次设备和各种二次系统，如主变电站的继电保护系统和辅助电压控制系统、主控制室的监控与数据采集（supervisory control and data acquisition，SCADA）系统和配电管理系统、数据传输和无线电话系统，以及其他的信息系统（电网数据库、客户数据库、物资管理系统等）。

配电网的传输容量和传输距离的典型值如下：110kV线路可以传输几十兆瓦电力至100km远，20kV线路最多传输几兆瓦电力至20~30km远，0.4kV线路仅可传输几十/几百千瓦至几百米远。但是，在一些特别的情况下，可能会出现相当不同的案例，例如在人烟稀少的芬兰东部边境地区和北部地区，20kV 中压线路甚至长达 100km，低压线路长达 2~3km，在这些情况下其传输功率往往非常低。

电网设备的使用年限通常很长，一次设备的使用年限一般为 30~50 年。因此，目前新建的电网在 50 年后可能仍在使用。虽然二次设备（如保护继电器、电表类的电子设备）的使用年限可达到 10~20 年，但与一次设备相比，使用年限较短，然而与其他电子产品相比，使用年限还是相当长的。

配电网几乎都是以辐射状方式运行的。相对网状系统而言，辐射状系统限制扰动较容易、短路电流较低、控制电压及实施保护较简单。如果按环状系统设计，则可以减少电压降和损耗。随着分布式发电的增加，为了提高其运行可靠性，配电网更倾向于采用环状方式运行。

低压电网几乎总是建成辐射状的。考虑到建设成本，中压电网也会建成辐射状。然而，最常见的技术方案是将中压电网的中央部分建为网状结构，通过设置常开点来实现开环运行。中压线路通常由手动或遥控的隔离开关来实现线路分段。如果采用网状系统设计，则可以提高电网在故障和维修情况下的可靠性。在网状系统中，线路故障的影响可以被限制在单一的线段内。在城市地区，对于地下电缆电网，通常要求每一个配电变电站至少有两个中压电源。由于中压电缆电网的故障修复通常相当缓慢，而架空线的故障修复较快，因而将地下电网建设为交错环状连接往往更加有利。在农村地区以及人烟稀少地区，线路布局通常为辐射状。在这些条件下，虽然环状电缆布局供电可靠性高，但是其建设成本将远大于因停电而造成的损失费用。往往值得推行的是，在不同电网企业的地理边界处建设连接到相邻企业的备用连接装置。

即使在同一个国家，配电系统的运行环境也因区域不同而有很大的差异。在人口不断增长的中心地区，电网的负荷仍然在快速上升，线路的负荷以每年 3%~5% 的速度增长。由于十年内其负荷将增加 35%~60%，就需要新的投资以增加电网的供电能力。然而，有相当比例的芬兰配电网处于线路和变压器的负载增速已经非常小或甚至为负的地区。在这种情况下，配电网发展的关键问题是，维护和改善系统可靠性及改造电网老化设备所需的投资。

在不同国家之间，甚至在不同的配电企业之间，配电网的解决方案可能存在着明显的差异。例如，中压电压等级不同，也可能存在几个电压等级，采用三线制或四线制，采用不同的中性点接地方式，或采用不同的配电自动化模式及开关类型。在有些地区，配电系统是一个整体，其中的所有选择都会产生相互影响，单独改变某些特性往往是不合理的，有时甚至是不可能的。配电系统的形态主要取决于负荷密度以及地下电缆的决策，当然还受其他因素的影响。

电力系统频率一般为50Hz或60Hz。图2-2给出了不同国家的电网频率和低压电压等级。

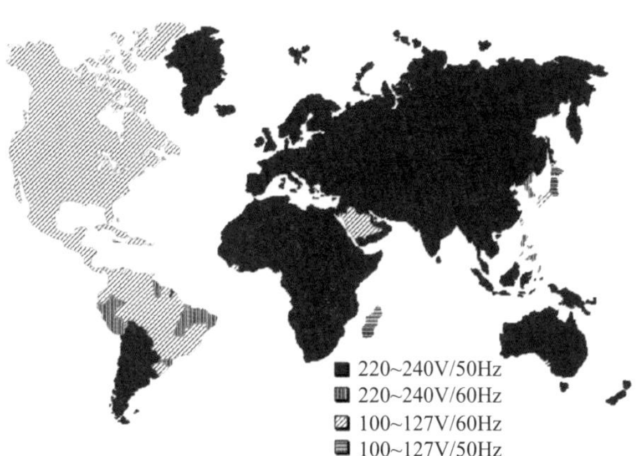

图2-2 各个国家的电网频率和低压电压等级

本书的内容主要基于芬兰配电系统的实践，并概要介绍其他国家的实践。芬兰配电系统主要采用德国模式，但解决方案往往比德国的简单。在其他欧陆国家，尽管不同国家可能会有不同的中压电压等级，但配电系统实践通常颇为相似。尽管一个区域只有一个中压电压等级，但由于早期的遗留问题，一个国家仍然可能同时存在几个中压电压等级。在芬兰，只有赫尔辛基中心地区仍然遗留有10kV电压等级，其他地区均为20kV电压等级。

北美地区配电网的一些基本特征如图2-3所示，它与欧洲配电系统的主要差别为：

（1）中压电网采用中性线，每300m重复接地；

（2）分支线通常是单相的或两相的；

（3）主干线有断路器（重合器）、分支线有熔断器和分段器、由此故障时可自动断开线路；

（4）配电变压器是单相结构，并与相线和中性线相连。

配电变压器的低压侧绕组采用中性点直接接地，低压侧电压为120V。因为低压电压等级较低，配电变压器必须设置在终端用户附近，因此其布点密度较高。大型客户需要三相电压时，可通过三个单相变压器的组合来获取。在农村地区，通常使用对称配置的柱上配电变压器。

英国中压配电系统与美国的配电系统有所不同，例如主变压器的中性点通过电阻接地，而不使用中性线。额定功率较小的配电变压器是单相的，由两相导线供电。较大容量的配电变压器是三相的。在传统的英式配电系统中，同一地区存在33kV和11kV两个中压电压等级。在英国的配电网，地下电缆比美国更为常见，但比西欧国家要少。低压侧的相电压（相当于芬兰《SFS 6000-2标准》中的线对中性点电压）是240V。通常采用较长的三相低压电缆为独栋式和联排式住宅区供电，再从固定接电点接出较短的单相线为具体的居民用户

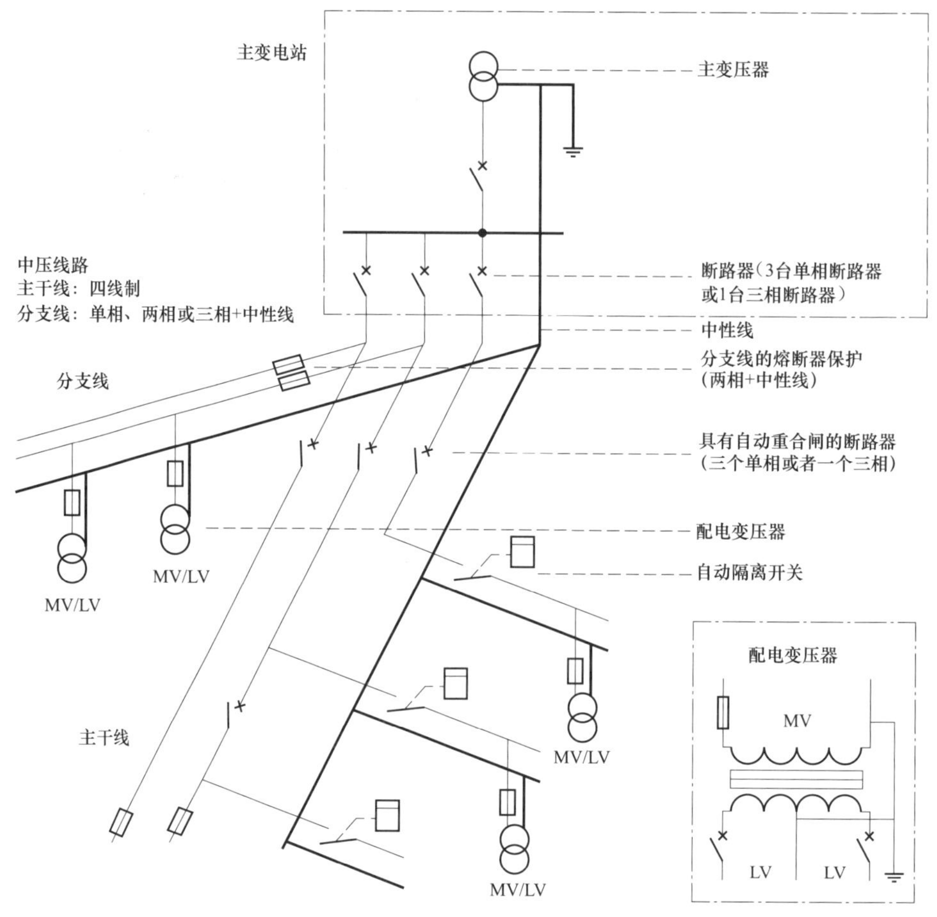

图 2-3　北美中压电网特性示意图

供电。

在人烟稀少的地区，配电网的发展方式有所不同。这些电网的负载通常较低，一般采用因地制宜的经济解决方案。例如农村电气化的中压配电系统使用单线大地回路的方式，其中将大地作为回路导线。对于远离建成区的地方，可以采用中压绝缘线的方式进行供电。还有一些方案使用中压与低压之间的电压等级。最近，芬兰将 1kV 定义为低压电压等级，已成功地应用于人烟稀少地区的度假村供电。在一定条件下，这一电压等级的架空集束线可以使用 0.4kV 的类似架构，并且可以使用其他一些低成本的低压配件。

挪威的低压配电网实践又有所不同。在挪威的传统配电网中，配电变压器的低压绕组中性点不接地，低压线路没有中性线，230V 等于线电压。负荷设备采用外壳接地方式，但是这种做法正逐渐消失。

在芬兰，对于建筑物内的电气安装，用配电变压器的中性线作为单相负荷的回路。传统上，中性线也连接到设备外壳（中性线作为接地保护）。在 20 世纪 90 年代后的电气安装中，这种方式已由三相五线制所替代，即将建筑物主配电板引出的保护线连接到设备外壳。

三相五线制系统能够显示小电流的接地情况。在芬兰电气化的初期，电气设备外壳虽然还未连接到中性线，但已经接地了。三相五线制系统的其他形式仍然在许多国家通行：设备外壳接到保护线，配电变压器低压侧中性点经电阻接地。这种做法可以限制设备故障时的短路电流及减轻其有害影响。

在中国的配电系统中，将交流电压有效值 1kV 及其以下称为低压电压。低压系统标称电压为：220/380V，380/660V 以及 1kV。380/660V 系统主要应用于大型工厂、矿山等有较多大容量电动机的工业部门中，这些大容量电动机所占比重较大，采用 380/660V 系统对节约电能损耗、减少导线截面的效果明显；而在民用建筑，尤其对居民住户区的配电系统中，220/380V 系统具有不可替代的优势。目前中国的中压电压等级主要以 10kV 为主，还有 20kV 以及少量 6kV、3kV 等。中压电力系统中，负荷密度较低的农村地区主要采用中性点不接地方式，负荷密度较高的城市电缆网常见中性点经小电阻接地方式，一般的城镇或农村地区主要采用中性点经消弧线圈接地方式。

电源插座可以有不同的接线方式（设备接到电源的接口）。一些电源插头和插座方式如图 2-4 所示。大多数欧洲国家采用 A 型，美国和中国为 B 型，英国为 C 型。

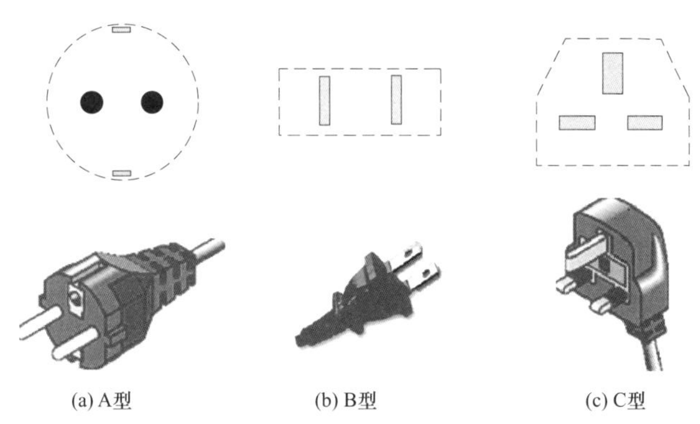

(a) A型　(b) B型　(c) C型

图 2-4　电源插头和插座的不同接口方式

2.3 配电网业务的重要性

配电网络及其相关活动直接影响终端客户的电价、电能质量和电气安全。

配电部分的费用约占终端用户总电价的15%~50%，具体比例取决于客户的电力消费形式。客户接入电网的电压等级越低，配电部分的费用在其电价中的占比就越高。

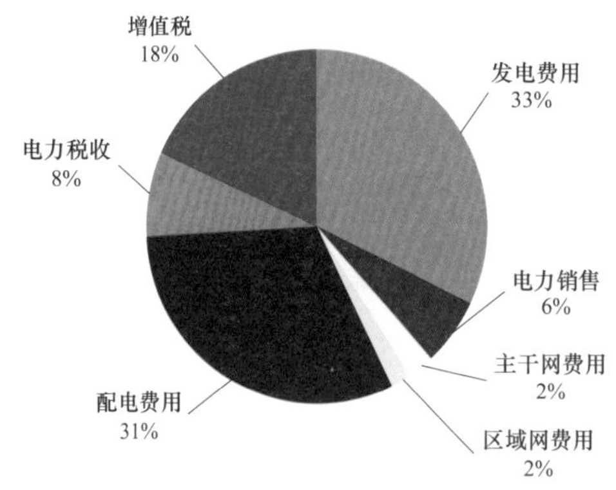

图2-5 居民客户电价构成示意图

小型客户通常连接到低压电网，因此，配电网所有电压等级的元件费用项目都将包括在其电价的传输费用中。对于芬兰居民客户，典型的传输费用（不含税）约为4欧分/kWh，也就是总电价的30%左右，如图2-5所示。由于大型工业客户通常连接到中压电网，因此，其传输费用不包括配电变压器和低压电网的费用，其配电部分的费用约占总电价的20%（约2.5欧分/kWh）。

在电力客户遭受的所有停电事故中，停电原因几乎都是源于配电网事故。当然，区域网和主干网中也会发生故障，然而这些电网为网状结构，因此大多数故障都不会影响到客户。超过90%的电力客户停电损失是由配电网造成的。在配电网中，中压电网对客户的停电损失和影响具有主导作用。中压电网故障引起中压馈线首端的保护继电器动作及断路器跳闸，在这种情况下，通常会有几百个客户遭受停电，直到故障区被隔离且备用电源被投入。故障也会发生在低压电网中，但是，通常单一故障的影响范围明显要小得多。在低压电网故障的情况下，只有少数客户会遭受停电。

客户的电压质量也主要由配电网的特性决定。110/20kV主变电站主变压器（有载分接头+调节器）的电压控制能够自动保持20kV母线电压恒定。但是在其下游，就不再有控制电压质量的主动执行装置了。在20/0.4kV配电变压器处，可以通过无载分接头（典型值为±2×2.5%）调节电压水平，但是不能实时控制电压。终端用户的电压水平和其他电压质量指标（波形畸变、三相不平衡、电压暂降和电压尖峰等），几乎完全取决于配电网及其所接入负荷及分布式电源的特性。

在现代社会中，配电网是社会基础设施的一部分，在我们居住和工作的环境中随处可见。因此，需要对配电网的电气安全制定严格的要求。

配电网的高效利用和有效发展会显著地影响客户的总电价及电能质量。

2.4 配电网业务的运营环境

2.4.1 企业所有权

配电网业务是一种监管条件下的垄断行为。在芬兰，有近百家企业从事配电网业务。大多数配电企业都是股份制企业，其余的是归市政所管辖的公共事业单位。每一个配电企业具有经能源市场管理局确认的配电区域。配电企业在其配电区域内具有建设配电网以及建设至各电力客户的供电线路的独享权，配电企业可以通过招标形式进行建设。配电企业可为区域内的发电商建设特别的输电线路，其线路可跨越该配电企业的经营区域，继而连接到其他配电企业的电网。

对于股份制的配电企业，所有制的基础各有不同。有些股份制企业只在一个地区运营，大多情况下也是电网独一无二的所有者，通常就是该电网的所有者。还有许多配电企业涉及的地理范围非常广阔，其中一些企业在市政配电业务的经营范围中占有很大的份额。例如，Fortum Sähkönsiirto 公司和 Vattenfall Verkko 公司是最大的配电企业，在全国广泛的区域范围内经营，分别属于母公司 Fortum 和母公司 Vattenfall 所有。Fortum 是一个上市公司，Vattenfall Verkko 公司则 100% 属于瑞典国有。根据配电企业的业务战略内容，可以看出配电企业股东权益的多样性。有些企业的目标是在监管法规范围内为业主赢得最大收益，也有一些企业的目标是尽可能地为经营区域内的电力客户提供支付得起的配电电价。这两个目标并不一定是矛盾的，高效和组织良好的配电业务运营可能同时实现这两个目标。

2.4.2 监管模式

配电业务属于一种受严格监管的业务。在芬兰，其监管机构为贸易和工业部下属的能源市场管理局，主要负责经济方面及技术方面的监管。在芬兰，经济监管的重点是配电业务的利润和电网业务的运营效率。监管机构为每一个配电企业确定其容许收益率范围，长期超出这个水平的话，会要求配电企业退款给电力客户。容许的收益范围，一方面很大程度上取决于对电网的投资力度，而其他方面也极大地受电网投资力度影响。

经济监管也以某种形式涵盖了对电能质量的控制，即主要侧重于对可靠性的监管。监管机构为配电企业制定了相关的法规，以改善其运营的经济效率。与此同时，企业的业主期望其业务获得良好的收益。除非通过监管使得企业关注这些问题，否则就会导致一种危险，即不重视电能质量相关的投资和业务。在经济监管方面，电能质量通常作为衡量配电企业效率的一个基准参数，或电能质量会直接影响到企业的容许年收入（如在挪威）。

在芬兰，2008~2011 年监管期的经济监管中首次包含了电能质量参数，由停电损失费用衡量电能质量，在决定配电企业的容许收益率范围时需考察其电能质量。因此，电能质量的提高或下降将直接影响企业的容许收益率范围及已实现的收入。例如，在芬兰，可靠性的监管是由标准赔偿金来实施。《电力市场法》规定，如果年停电持续时间大于 12 小时，配电企业需要支付赔偿金，其数额取决于年停电持续时间和客户的年系统服务费（由能源市场管理局定）。除了标准赔偿金方式之外，配电企业也可以有自己的推荐方式，例如年停电持续时间大于 8 小时，电力用户因为企业的低质供电而有权获得相应的赔偿金。在这种情况下，赔偿金低于《电力市场法》规定的标准赔偿金。

配电企业除了直接受经济监管之外，配电企业的运营也间接地受到监管，如《电力市场法》制定了关于发展电力系统的义务方面的相关规定。如果配电企业一直未能成功地发展其配电网，那么能源市场管理局将要求配电企业执行必要的行动，以达到所要求的系统发展状态。到目前为止，还没有发生此类现象，因此也就没有制定出相关的详细条令，也没有制定其控制规范。

对于电压质量，配电企业必须符合欧盟《EN 50160 标准》中所定义的边界条件。但是，这个标准相当宽松，而芬兰配电企业自己的电网发展导则《SFS-EN 50160 标准》规定的边界条件则要严格得多。

电网发展的战略及其实施，对于配电企业的容许收益率范围和已实现的收益有着显著的影响，这为电网发展的规划提出了特殊挑战。电网（投资）中的各种发展计划会产生不同的影响，例如对可靠性发展的影响，从而对配电企业的容许收益率范围和已实现的收益也有不同的影响。因此，配电企业的电网发展规划和业务战略的实施始终应该紧密互动。

2.5 配电网业务的组织结构

配电业务的主要功能是业务规划及实施、管理支持服务、不同阶段的电网规划及设计、电网建设/工程承包、电网运行、电网状态监测、电量抄表和债务结算以及客户服务。可以根据选定的方法以不同的方式对这些工作进行分组。一种方法是将其划分为电网所有权、电网管理及各类服务三大类，如图 2-6 所示。

另一种划分方法如图 2-7 所示，其中将各种功能分为核心功能和辅助功能，但也可根据功能特性进行划分。

图 2-6 配电业务的核心功能

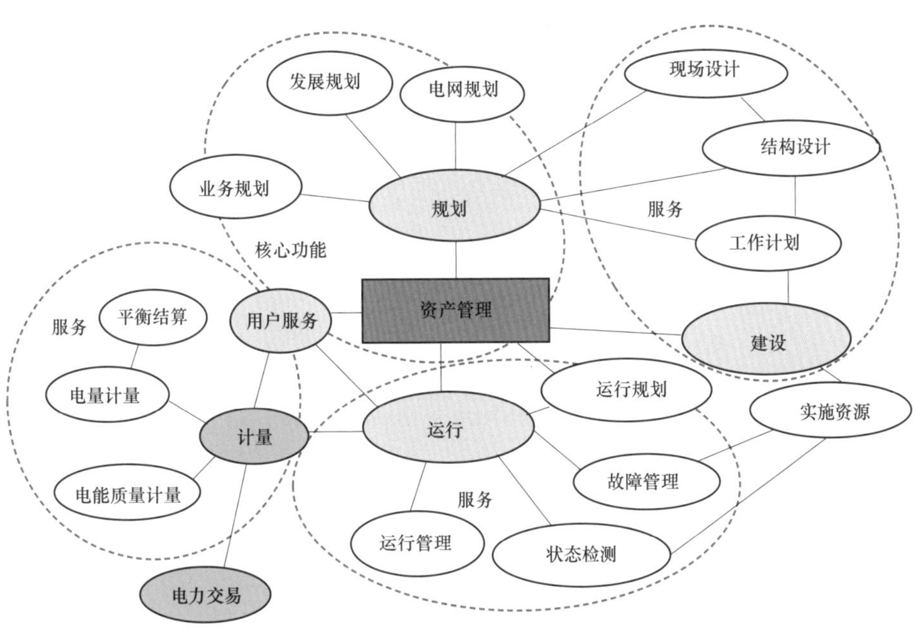

图 2-7 配电企业的核心功能和辅助服务功能

配电业务的发展趋势是更多地使用辅助服务。配电企业的核心功能始终是资产管理，其中包括业务运营的规划及实施、电网发展规划、电网建设委托承包合同事务，通常也包括客户服务。典型的外包服务包括现场设计、电网建设、故障修复、预防性状态监测以及债务结算等。其中，电网规划及设计的方法属于配电企业和为其提供服务的设计企业的核心功能，也是本书关注的重点。

换言之，在配电网业务中，除了配电企业之外，还有许多其他企业通过市场竞争，为占垄断地位的配电企业提供服务。当然，采用这种模式的目标是提高业务运营效率。服务商能够以集中的方式和充足的资源来发展自己的专业技能和设施，而不是几个配电企业占用有限的资源来同时开发相同的技能和设施。另外，从监管机构的角度来看，这样的运营模式是可取的，因为垄断中的很大一部分业务活动现在可以进入市场竞争了。

3 配电网经济技术分析

在配电网发展、管理和运行方面的各种任务中，配电网的经济技术分析发挥着核心作用，本章将简要介绍配电网经济技术分析所涉及的基本计算方法。

3.1 线路和变压器

在电网计算中，配电网元件可用其等效的阻抗电路来模拟。计算所涉及的问题及所要求的精度决定了模型的详细程度。

在配电网的短路电流和损耗的计算中，用串联阻抗表示线路就足够了，如图 3-1（a）所示。电阻与导线材料的电阻率成正比，与导线截面面积成反比。电抗与线路磁场有关，取决于各相导线之间的距离（相间距）。在 50Hz 电网中，架空线的典型电抗值约为 0.4Ω/km，电缆的电抗值则远低于此值。在高压电网计算时，由于高压线路的导线截面较大，通常其电抗为电网计算的主导因素，电阻则可以忽略不计。然而，在配电网计算中，不能采用这种近似方法。

在地下电缆和架空线较长的情况下，导线与大地之间的电容对电压降有一定的影响。此时，采用图 3-1（b）所示的等效电路可使计算结果更准确。

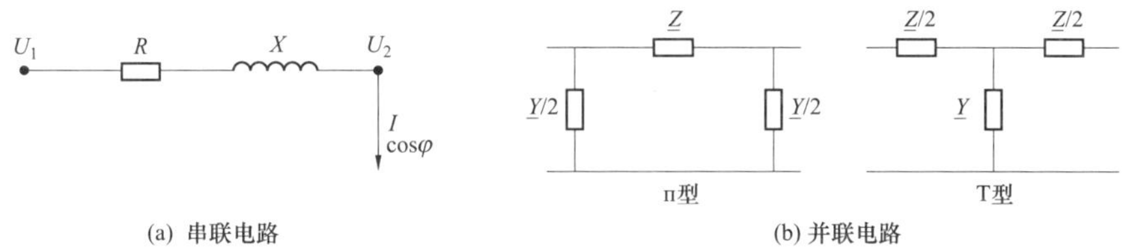

(a) 串联电路 (b) 并联电路

图 3-1 配电线路的等效电路示意图

在芬兰，中压电网通常采用中性点不接地方式或中性点经消弧线圈接地方式。在这类系统的接地故障计算中，对地电容起着关键作用。表 3-1 给出了芬兰配电网架空线和电缆的典型参数值，括号内给出了其容抗值。

表 3-1　　芬兰配电网线路和电缆的典型电抗值

类型	电压等级 (kV)	截面 (铝/钢, mm^2)	电阻 (Ω/km, +20℃)	电抗 (Ω/km)	对地电容 [nF/km/相 (kΩ/km)]
架空线	0.4	25/0	1.06	0.30	
架空线	0.4	50/0	0.64	0.28	
架空集束线	0.4	35/0	0.87	0.10	
地下电缆	0.4	120/0	0.25	0.07	
架空线	10	50/0	0.64	≈0.4*	6.0 (177)
地下电缆	10	185/0	0.16	0.08	230~360 (4.6~2.9)
架空线	20	54/9	0.54	≈0.4*	6.0 (177)
地下电缆	20	120/0	0.25	0.11	230~360 (4.6~2.9)
架空线	110	242/39	0.12	≈0.4*	

* 具体取决于导线间距和横担结构。

发电机和电动机的稳态等效电路与线路的简单等效电路相同，见图 3-1 (a)。对于电机，除了其稳态参数，还需要次暂态和暂态的电抗值。确定不对称短路电流时，需要次暂态电抗参数。校核设备的机械强度时，不对称短路电流是至关重要的参数。为了对电网故障进行定位，需要利用发电机暂态电抗计算短路电流。

变压器也可以采用类似的等效电路。电机和变压器的电阻和电抗参数，可以通过铭牌值用式 (3-1) 和式 (3-2) 来计算

$$R_k = u_r \frac{U_N^2}{S_N} \tag{3-1}$$

$$X_k = u_x \frac{U_N^2}{S_N} \tag{3-2}$$

式中　R_k——变压器电阻；
X_k——变压器电抗；
u_r——变压器的短路电阻标幺值；
u_x——变压器的短路电抗标幺值；
U_N——变压器额定电压；
S_N——变压器额定容量。

变压器铭牌值很少直接给出短路电阻标幺值 u_r 和短路电抗标幺值 u_x，通常只给出短路阻抗标幺值 u_z。铭牌上通常给出变压器额定容量 S_N，额定负载损耗 P_k 和空载损耗 P_o。通过额定负载损耗，可以计算短路电阻标幺值 $u_r = P_k/S_N$。然后，可以通过短路阻抗标幺值和短路电阻标幺值，计算出短路电抗标幺值 $u_x = \sqrt{u_z^2 - u_r^2}$。

配电网计算往往涉及两个电压等级：高—中压或中—低压。变压器阻抗由相

关的额定电压来确定。其他电压等级的电流、电压和阻抗值必须转换到相关的电压等级。功率经过变压器后，数值不变。电压根据变压器变比转换，电流与变比成反比关系。阻抗的转换与变比的平方成正比，因此相比于较低电压等级，较高电压等级的线路阻抗较小。下面用图 3-2 的示例系统进行说明。

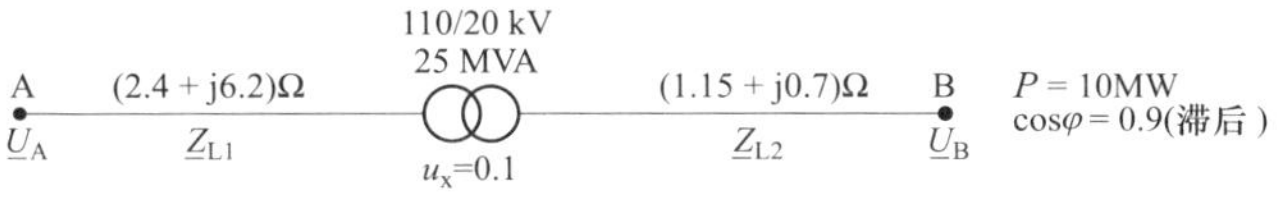

图 3-2　示例电网

在图 3-2 中，已知中压线路末端电压 U_B 为 20.0kV，需确定电源点 A 的电压 U_A。

$$\underline{Z}'_{L1}=\frac{(20)^2}{(110)^2}\times(2.4+j6.2)\Omega=(0.079+j0.205)\Omega$$

$$\underline{Z}_{Tr}=j0.10\times\frac{(20)^2}{25}\Omega=j1.6\Omega$$

$$\underline{Z}'_{AB}=\underline{Z}'_{L1}+\underline{Z}_{Tr}+\underline{Z}_{L2}=(1.23+j2.51)\ \Omega=2.80\angle 63.89^\circ\ \Omega$$

$$P=\sqrt{3}UI\cos\varphi$$

$$I=P/(\sqrt{3}U\cos\varphi)=10\times10^6/(\sqrt{3}\times20\times10^3\times0.9)\ A=320.8A$$

$$\dot{I}=320.8\angle -25.8^\circ A$$

$$\begin{aligned}U'_A&=U_B+\Delta U\approx U_B+\sqrt{3}I(R'_{AB}\cos\varphi+X'_{AB}\sin\varphi)\\&=20\ 000+\sqrt{3}\times320.8\times(1.25\times0.9+2.51\times0.436)V\\&=20\ 000+1220=21\ 220V=21.22kV\end{aligned}$$

$$U_A=(U_{1n}/U_{2n})U'_A=(110\ 000/20\ 000)\times21.22=116.7kV$$

式中　$\underline{Z}'_{L1}$——归算至 20kV 侧的 110kV 线路阻抗；

$\underline{Z}'_{Tr}$——变压器阻抗；

$\underline{Z}'_{AB}$——总阻抗；

P——负荷有功功率；

I——电流幅值；

$\dot{I}$——电流相量；

U'_A——归算至 20kV 侧的 A 点电压幅值；

U_A——归算至 110kV 侧的 A 点实际幅值。

3.2 短路电流

由于绝缘损坏或外部接触等原因，配电网可能发生金属性短路故障、电弧短路故障或其他故障阻抗的短路故障。发生在两相或三相导线之间的短路故障，短路电流通常高于负荷电流。而发生在单相导线和大地之间的短路故障。接地故障是否会产生大电流，取决于电网的中性点接地方式或电网的中性线。故障可能导致人身伤害、设备过热以及电力中断等。通过继电保护装置或熔断器保护，可将电网中的受损设备从电源中隔离出来。

为了计算短路电流，需要知道短路点的空载电压和电网阻抗（利用戴维南定理）。开始几个周波的短路故障电流主要由故障瞬间的旋转电机电势及其次暂态电抗决定。然后，直流分量衰减，电流变成与横轴对称，并减少到其稳态值。对于较短的保护动作时间（<0.5s），短路电流的暂态量是重要的参数；对于较长的开断时间，其稳态量是重要的参数。在工业厂房内及其邻近地区，则重要参数为短路电流的次暂态量和暂态量。短路电流计算的结果可以用来校核设备的机械强度、断路器的开断能力以及短路电流情况下线路和设备的热效应。

三相短路电流可以用单相等效电路计算，以相电压除以等效电路的总阻抗。在辐射状电网中，总阻抗是电源阻抗与故障阻抗之和。此外，电源阻抗还必须考虑主变压器和高压电网的阻抗，阻抗必须用相量表示，由式（3-3）计算短路电流：

$$\underline{I}=\frac{\underline{U}_{\mathrm{v}}}{\underline{Z}_{\mathrm{f}}+\underline{Z}_{\mathrm{i}}} \tag{3-3}$$

式中 $\underline{I}$——短路电流；

$\underline{Z}_{\mathrm{f}}$——短路阻抗；

$\underline{U}_{\mathrm{v}}$——故障前短路点的相电压；

$\underline{Z}_{\mathrm{i}}$——短路点的电网阻抗。

对于网状电网，可以从系统阻抗矩阵中的短路点自阻抗来计算戴维南等效阻抗。另外，分布式发电将电网变成了网状。但是，通常可以将这类电网视为辐射状电网，然后再加上由附近的发电机或电动机提供的短路电流就可以了。这种方法也可用于两端供电电网的短路电流计算。

在比较简单的情况下，也可以不用戴维南等效电压源方法进行计算。下文将在不同短路故障情况下讨论此种计算法。在两相导线短路时，即线—线（相—相）短路时，短路电流也可以由式（3-3）计算。现在的线—线电压作用在两相线路的阻抗上，因此其短路电流将为三相短路电流的$\sqrt{3}/2$倍。在中性点接地的电网中，单相接地短路电流的计算与三相短路方式相同，但需要将中性点接地阻抗和接地回路阻抗加到总阻抗中。

对于更详细的计算和更复杂的故障，可使用对称分量法。在 8.2 节中将讨论中性点不接地系统和中性点经消弧线圈接地系统的短路电流计算。

短路电流的计算结果用于确定导线承受短路故障的能力、继电保护整定值以及故障定位。在所有计算中，主要关心短路电流的幅值，通常不太关心其相位角。式（3-4）用于计算短路电流的幅值而不是相量值，可用于计算中压电网的短路电流。

$$I_k=\frac{U_v}{\sqrt{(R_{110}+R_m+R_j)^2+(X_{110}+X_m+X_j)^2}} \tag{3-4}$$

式中 R_{110}、X_{110}——110kV 电网归算到 20kV 电压等级的电阻和电抗；

R_m、X_m——110/20kV 主变压器归算到 20kV 电压等级的电阻和电抗；

R_j、X_j——主变电站与故障点之间的 20kV 线路的电阻和电抗；

U_v——相电压的幅值。

在短路电流计算中，20kV 线路的电阻采用导线温度为+40℃时的对应数值，此值约为+20℃时电阻值的 1.08 倍。

在芬兰的配电网中，主变电站母线三相短路电流的典型值为 5~12kA，其短路电流与 110kV 电网的短路电流有关，也取决于 110/20kV 主变压器的型号。主变压器容量越大，20kV 母线的短路电流越大。在 20kV 电网中，短路电流大小主要取决于短路点与主变电站之间的线路长度及其导线截面。在几千米距离范围内，线路阻抗的影响就十分显著了，短路电流可以迅速减小到几千安培或几百安培。如果故障发生在长馈线的末端，短路电流可能变到低于 150~200A。在有些短路情况下，其短路电流可能无法满足短路保护的最小动作电流要求。

在中性点不接地的 20kV 电网中，单相接地短路与相间短路相比，其接地故障电流非常低，甚至低于负荷电流。架空电网接地故障电流的典型值为 5~20A，地下电缆电网的典型值为 20~200A。由于其接地故障电流较低，不能采用通常的过流保护模式，因此对故障电流保护的实施提出了特殊要求。

3.3 电压暂降

短路不仅因其短路电流而引起电网安全问题，短路电流较大时也会引起电网设备的机械强度和热效应问题，另外，短路也有可能使得电网电压急剧下降。三相短路使得短路点电压降为 0，电网其他地方的电压也会下降，其大小取决于相对短路点的电气距离。短路发生在 110/20kV 主变电站附近的配电网时，会产生

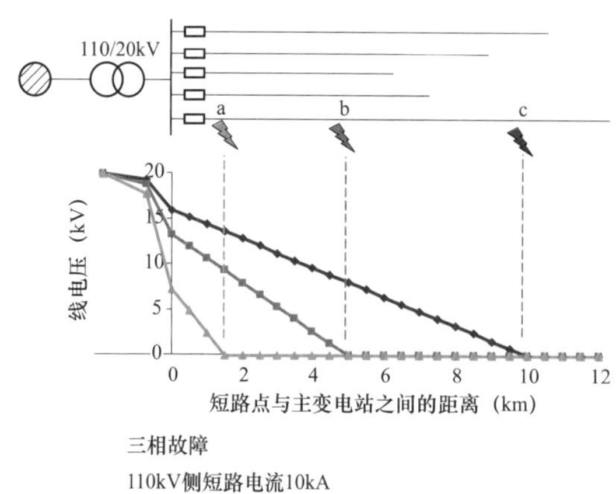

图 3-3　中压电网三相短路时的电压分布示意图

较大的危害，因为在短路情况下主变电站所属供电区内的所有客户都会经历一次电压暂降，其持续时间等于故障馈线短路保护的动作时间。因此电压暂降的影响范围通常远大于停电范围。

芬兰《SFS-EN 50160 标准》（公共配电网的供电电压特性标准）将电压暂降定义为这样的事件：供电电压突然降低到额定电压的 1%～90%，然后在很短一段时间内电压恢复。

图 3-3 所示为三相短路引起电压暂降的一个例子。在辐射状运行的中压电网中，短路引起短路点及其下游电网的电压为 0。从 110/20kV 主变电站到短路点，电压渐渐下降。在 a 点短路时，短路点靠近主变电站，图 3-3 中显示母线电压（绿线）较低，所有其他馈线也将受到这个低电压的影响，直到线路保护从电网中将故障馈线隔离开。在 b 点短路时，短路点位于主变电站的更远处，因此，此时主变电站的残压远高于 a 点短路时的情况。

主变电站残压（电压暂降时的剩余电压）由主变电站—短路点之间的阻抗与短路电流路径的总阻抗之比决定。在辐射状运行的中压电网中，短路引起的电压暂降可以根据式（3-5）计算（不考虑负荷电流）

$$\underline{U}_{\mathrm{sag}}=\frac{\underline{Z}_{\mathrm{L}}+\underline{Z}_{\mathrm{F}}}{\underline{Z}_{\mathrm{S}}+\underline{Z}_{\mathrm{T}}+\underline{Z}_{\mathrm{L}}+\underline{Z}_{\mathrm{F}}}\underline{U}_{\mathrm{v}}=(\underline{Z}_{\mathrm{L}}+\underline{Z}_{\mathrm{F}})\underline{I}_{\mathrm{F}} \tag{3-5}$$

式中　$\underline{U}_{\mathrm{sag}}$——电压暂降时的主变电站残压；

$\underline{U}_{\mathrm{v}}$——相电压；

$\underline{Z}_{\mathrm{L}}$——中压电网的故障路径阻抗；

$\underline{Z}_{\mathrm{F}}$——短路阻抗；

$\underline{Z}_{\mathrm{S}}$——110kV 电网阻抗；

$\underline{Z}_{\mathrm{T}}$——110/20kV 主变压器阻抗；

$\underline{I}_{\mathrm{F}}$——短路电流。

除了配电网短路故障之外，输电网故障、电力客户的负荷投切（如电动机起动）以及发生在设备中或安装过程中的故障，也会引起供电电压暂降。

电压暂降通常可以用残压、持续时间和次数来描述。系统保护确定故障所引起的电压暂降持续时间，即系统保护隔离故障的时间。在确定电压暂降对客户造成的影响时，不能忽略其持续时间，因为电压暂降产生的不良影响可能是由其残压及其持续时间的综合作用而形成的。有的客户设备可能容许短时间的电压暂降，即使残压十分低，但较长时间的电压暂降一般总会引起设备问题。

系统保护的动作时间决定了故障引起的电压暂降持续时间。如果能够越快地隔离故障馈线，那么主变电站母线及其下游电网的电压暂降持续时间则越短。特别在主变电站附近发生故障的情况下，快速清除故障尤为重要，这可以通过利用电流速断保护的瞬时跳闸来实现。然而，配电企业缩短电压暂降持续时间的措施通常是非常有限的，例如需要考虑保护的选择性，因此瞬时跳闸受一定的限制。新型数字保护继电器可以缩短继电器的动作时间，因而可以实现较短的跳闸时间。

如果提高电压暂降的残压，减少电压暂降的发生次数，就可以减少电压暂降给客户造成的损失。配电企业可以基于式（3-5）探索改善电压暂降特性的可能性。

如果供电系统的阻抗 Z_S 尽可能低，对提高残压是有利的。然而，配电企业通常不能改变系统阻抗 Z_S。另外，110/20kV 主变压器会影响残压。主变压器容量越大，其阻抗越低，故障期间的残压也就越高。然而，主变压器容量对电压暂降幅度的影响极其有限，并且由电压暂降决定主变压器的投资或容量，通常也不合理。

主变压器的台数和主变电站母线的布置方式会影响电压暂降的发生次数。如在主变电站增加主变压器台数，且主变电站的中压馈线由不同的主变压器供电，则可以减小电压暂降的发生次数。

3.4 功率损耗和电能损耗

线路和变压器的功率损耗对配电网的经济效益具有显著影响。另外，功率损耗可能导致温升过高从而损坏绝缘。

计算短路电流时仅需要电压和阻抗参数，在功率损耗计算中，负荷电流是至关重要的参数。根据图 3-1 的线路等效电路，总电流引起线路电阻的有功损耗为 $P_h=3I^2R$，线路电抗的无功损耗为 $Q_h=3I^2X$。线路并联电纳产生的无功功率（在架空配电网中通常不显著）为 $Q_c=3BU_v^2=BU^2$，其中电纳 B 由线路或电缆的对地电容计算所得。

3.4.1 功率损耗

变压器等效电路图如图 3-4 所示。变压器负载损耗的基准值是变压器铭牌的

额定负载损耗 P_{kN}。当变压器负载为 S 时，其负载损耗由公式 $P_k=(S/S_N)^2P_{kN}$ 来计算。

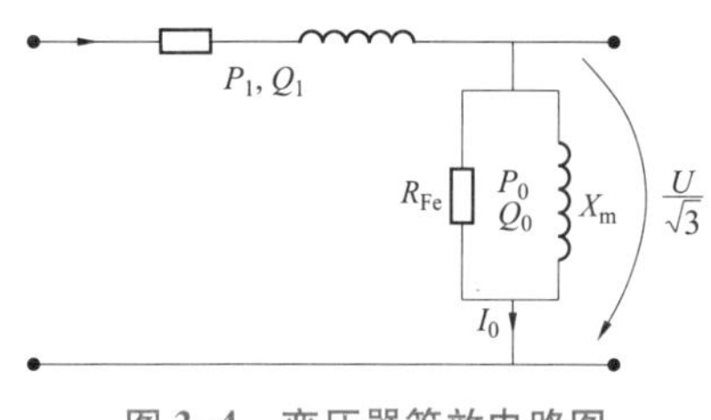

图 3-4 变压器等效电路图

变压器铁芯磁通会引起涡流和磁滞损耗，其损耗被称为变压器空载损耗 P_0，且与变压器负载情况关系不大。变压器等效电路的并联支路的铁损电阻 R_{Fe} 可用于模拟空载有功损耗 P_0，励磁电抗 X_m 可用于模拟变压器的空载无功损耗 Q_0。

由于铁芯的磁饱和和磁滞现象，上述两个值（铁损电阻和励磁电抗）是变压器电压的非线性函数。变压器铭牌给出了额定电压下的测量值。在额定电压附近，空载损耗与电压的关系通常用公式来模拟：$P_0 \propto u^k$，$k\in$（2~4）。

3.4.2 电能损耗

对于损耗费用的评估而言，线路和变压器的电能损耗计算十分重要。电能损耗计算首先是确定线路和变压器的有功损耗 $P_h(t)$，然后再考虑随时间变化的有功损耗电量，可以采用式（3-6）计算年损耗电量

$$W_h=\int_0^T P_h(t)\,dt \approx P_{hmax}t_h \tag{3-6}$$

实际上，电能损耗的精确计算基于有功损耗对时间的积分。原则上，有功损耗应该按照一年的不同时段进行计算，然后将计算所得的不同时段电能损耗累加起来。但是，这样的计算工作量很大。根据这一原则，电网计算程序能够通过负荷模型完成这一任务，从而可减少所需考虑的时段数。手工计算时，可以用式(3-6)，其中采用峰荷时的有功损耗 P_{hmax} 乘以对应的损耗的峰荷时间 t_h。损耗的峰荷时间取决于负荷曲线形状，峰荷越高，损耗的峰荷时间越小。如果没有可用的准确信息，可以采用表 3-2 给出的数值。

表 3-2 损耗的峰荷时间

电网层级	损耗的峰荷时间 t_h (h/a)	电网层级	损耗的峰荷时间 t_h (h/a)
低压电网	700~1000	主变电站	3000~3500
中压馈线	2000~2500	变压器空载损耗	8760

3.5 热效应

能量从一种形式转换为另一种形式时，以及在能量传输过程中，会发生能量损耗。配电网线路和变压器的电能损耗几乎完全转化成了热能（热量）。热能使得线路或设备的温度高于环境温度。温升速率取决于设备的热功率以及热特性。过高的温升速度会加快绝缘的老化，并可能加快损坏设备。导线的金属特性也可能劣化，电流大时甚至可能熔化导线。地下电缆的热效应模型，特别是变压器的热效应模型，都是由多层结构组成的。下面讨论架空导线的温升和冷却过程。

导体的温升是导体温度和环境温度之差。导线的温升函数可以由受热线路的损耗功率和线路表面的传导功率推导。其功率之差将转移到导线中，结果使其温度上升。使导线冷却的传导功率与电缆护套（外表面）面积及其温升成正比。当线路负载增大，导线根据图 3-5 的指数曲线温升，最后达到平衡，此时产生的热功率和传导功率相等。温升的幅度和动态过程取决于导线的几何形状、质量 m、电阻 r、比热容 c 以及传热系数 h。

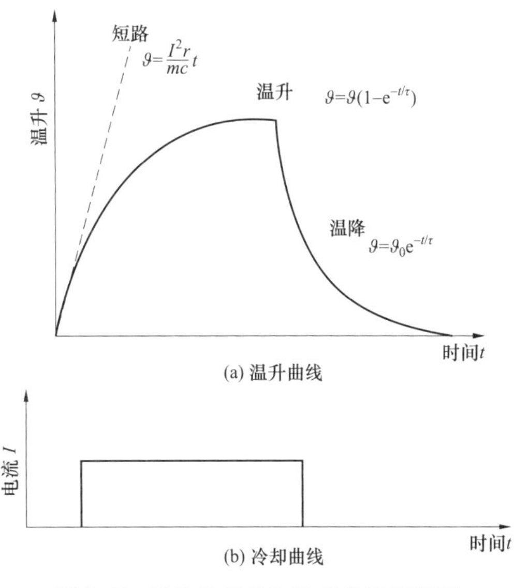

图 3-5 导体的温升和冷却曲线示意图

如果线路负载减少到原来的数值，导线冷却过程依据一阶微分方程变化，最后回到先前的温度。温升和冷却的时间常数 τ 取决于导线的截面积。导线截面积越大，时间常数越大。对于较细的架空线，如 34/6mm^2 的架空裸钢芯铝绞线，温升时间常数约为 4min，而对截面 120mm^2 的地下电缆，时间常数近 1h。

除了稳态负荷电流之外，短路电流的热效应也是一个值得研究的课题。短路电流通常比较大，甚至达到几十千安，但其持续时间可能只有几百毫秒。由于持续时间较短，可用线性方式近似计算由短路电流引起的温升（见图 3-5 中的虚线）。

短路电流引起的温升 ϑ 大约与短路电流的平方和持续时间成正比，见式(3-7)。这样就能确定短路电流 I_2 在时间 t_2 的温升与短路电流 I_1 在时间 t_1 内的温升相同，见式（3-8）。这个关系在有些情况下十分有用。比如，厂家已经给出了1s内容许的最大短路电流，通过这一关系，就可以知道在保护继电器跳闸时间内导线能否承受该短路电流。

$$\vartheta \approx \frac{I^2 r}{mc} t \sim I^2 t \tag{3-7}$$

$$I_2 = I_1 \sqrt{t_1 / t_2} \tag{3-8}$$

导线容许的最高稳态温度（通常为+80℃）和瞬时温度（通常为+160～180℃）决定了每个导线容许的载流量和短路电流。表3-3列出了中压系统中一些典型导线的最大容许载流量和1s内最大容许短路电流。

表3-3　　芬兰20kV线路的最大载流量和最大短路电流的典型值

导线或电缆（mm^2）	容许的载流量（A）	1s容许的短路电流（kA）	温升时间常数（min）
架空裸钢芯铝绞线21/4	145	1.9	3
架空裸钢芯铝绞线34/6	210	3.2	4
架空裸钢芯铝绞线54/9	280	5.1	6
架空裸铝导线132	495	11.6	10
架空绝缘线70	310	6.4	10
架空绝缘线120	430	11.0	15
地下电缆120	265*	11.4	47**
地下电缆185	330*	17.5	53**
地下电缆240	375*	22.6	60**

*　导体温度65℃，土壤温度15℃。

**　受安置处土壤状况影响。

3.6　电压降

客户的供电电压幅值是电能质量的重要指标。例如，电压过低或过高都会使得设备无法正常工作。应该强调的是靠近电力终端用户的电压重要性。整个配电网传输通道的压降为中压馈线、配电变压器和低压线路上的压降总和。终端用户感觉不到高压输电网的电压，因为不同电压等级的电网之间，存在自动有载分接头调节器。因此，基于经济效益选择的400kV主干网的运行电压与低压网的运行电压无关。

在配电网计算中，重要的参数通常是在最大负载时线路末端的电压和线路的压降（首末端电压的幅度之差）。负载线路的单相等效电路图和线路电压降示意图分别如图3-6和图3-7所示。电压降的幅值不能简单地通过乘积 IZ 计算，因为电压有相角变化。

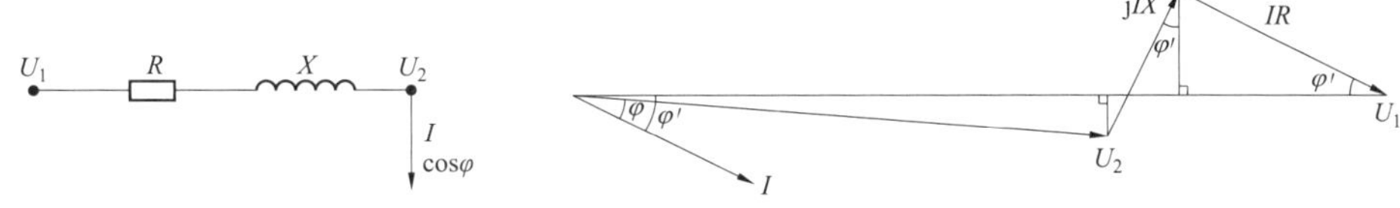

图3-6　负载线路的单相等效电路图　　　图3-7　线路电压降示意图

如果线路负载相对较低，则首末端电压相角差较小，那么，末端电压 U_2 在首端电压 U_1 相量上的投影约等于其幅值。通过这种方式，可以得到近似式(3-9)和式（3-10），前者给出压降 U_d 的幅值，后者为压降占送端线电压的百分比。

$$U_d = |\underline{U}_1| - |\underline{U}_2| \approx IR\cos\varphi + IX\sin\varphi = I_p R + I_q X \tag{3-9}$$

$$U_h' = 100\times\sqrt{3}\,(I_p R + I_q X)/U = 100\times\frac{P}{U^2}(R + X\tan\varphi) \tag{3-10}$$

式中 I_p、I_q 分别为有功电流分量和无功电流分量。

人工计算时，这些近似计算公式十分有用，但只适用于正常负载情况（这种情况下负载和压降比较适中），而不适用于故障情况。

最常见的计算压降的条件是，已知线路的送端电压和线路末端负荷的有功功率或无功功率或其阻抗。可以通过假设末端电压等于首端电压来计算得到负荷电流，进一步计算末端电压，并能保证足够的精度。在计算机计算中，可采用更精确的迭代方法求解。

除电压水平之外，电压波动和电压对负荷的灵敏度往往也是关心的问题，即电压相对于有功功率或无功功率的弹性（$\mathrm{d}U_h/\mathrm{d}P$ 或 $\mathrm{d}U_h/\mathrm{d}Q$）问题，我们可以用观察点线电压 U 对观察点与系统间的总阻抗的关系来表示，如式（3-11）所示。

$$\mathrm{d}U_h/\mathrm{d}P = R/U^2 \qquad \mathrm{d}U_h/\mathrm{d}Q = X/U^2 \tag{3-11}$$

3.7 经济性计算

配电网规划的核心任务之一是，寻找规划期内技术合理、费用优化的各种设计方案。因此，规划工作的目标是，确定电网及其不同电网设备在整个使用年限的总费用。电网和设备的费用包括投资、损耗、停电损失和运行维护等费用。投资成本是一次性费用，而其他费用被分布在整个使用年限内，通常折算成年费用。有些设备在使用年限内的周期性费用（如变压器空载损耗费用或维护费用）基本不变，而另一些费用（负载损耗费用、停电损失费用等）则随运行状态变化。表 3-4 列出了配电网的各种费用及类型。

表 3-4　　配电网的费用及其类型

类　型	固定	可变	一次性	周期性
投资	√		√	
负载损耗		√		√
空载损耗	√			√
停电损失		√		√
运行维护	√			√

在比较不同电网发展方案的经济效益时，费用类型必须相对应，例如年损耗费用不能与投资费用相比较。根据两个主要原则来进行比较：① 通过计算整个运行期的总费用现值（折现）；② 将投资费用现值转换为年费用分摊到整个运行期内（年金）。

3.7.1 现值计算

某年费用（如损耗费用或投资成本）的现值系数可以通过式（3-12）计算

$$现值系数=\frac{1}{\alpha^t}=\frac{1}{(1+p/100)^t} \tag{3-12}$$

式中　t——未来第 t 年；

p——年利率；

α——折算系数。

通过复利计算，现值计算给出第 t 年费用总和的现值。年限越长，利率越高，则费用的现值越低。表 3-5 列出了一定数额的费用在不同的利率和未来年限下的现值。

表 3-5　　　　一定数额的费用在不同的年利率和年限下的现值

第 t 年的费用	年利率	第 t 年	现值
100	4%	10	67.5
100	4%	20	45.6
100	6%	10	55.8
100	6%	20	31.1
100	10%	10	38.6
100	10%	20	14.9

在许多情况下，所关心的不单单是未来的某一年，而是规划期内所有费用的现值。这可以将每一年费用折现到现值来计算。规划期一般为 20~40 年，年费用随负荷变化，因此现值计算将是一个非常耗时的任务。计算时通常假设规划期内负荷线性增长，从而可以通过几何级数推导而得到的费用系数来计算现值。将第一年的费用 C_1 乘以费用系数 k，得到整段规划期内年费用的现值 C。

考虑线路负荷年增长率为 r% 的情况。计算目的是确定线路损耗费用的费用系数和整个规划期 T 年内的总损耗费用。

线路的第 1 年年初负载功率为 P_1，因此在 t 年后，线路负载为 $(1+r/100)^t P_1 = \beta^t P_1$，线路的损耗与负载功率的平方成正比。因此第 t 年的线路损耗费用将为 $\beta^{2t} C_{\text{loss},1}$，其中 $C_{\text{loss},1}$ 是第 1 年的损耗费用。

第 t 年的损耗费用现值为 $\beta^{2t} C_{\text{loss},1}/\alpha^t = (\beta^2/\alpha)^t C_{\text{loss},1} = \psi^t C_{\text{loss},1}$。因此，可以按式（3-13）计算出规划期内每年损耗费用的现值总和

$$C_{\text{loss}} = \psi(1+\psi+\psi^2+\cdots+\psi^{T-1})C_{\text{loss},1} = \psi\frac{\psi^T-1}{\psi-1}C_{\text{loss},1} = kC_{\text{loss},1} \tag{3-13}$$

其中

$$\psi = \frac{\beta^2}{\alpha} = \frac{(1+r/100)^2}{1+p/100} \tag{3-14}$$

$$k = \psi\frac{\psi^T-1}{\psi-1} \tag{3-15}$$

因此，可以用式（3-13）~式（3-15）计算规划期 T 年内、负荷年增长率为 r% 时的损耗费用现值。其中，k 被称为费用系数。在规划中，往往将未来负荷增长分为两步：在开始的 t 年，负荷年增长率为 r%，并且在这之后的规划期（$T-t$）年内，建设的规划目标已经完成，负荷增长率为 0。在这种情况下，费用系数 k 可以

写为

$$k=\psi_1\frac{\psi_1^t-1}{\psi_1-1}+\beta^{2t}\frac{1}{\alpha^t}\psi_2\frac{\psi_2^{T-t}-1}{\psi_2-1} \tag{3-16}$$

其中

$$\psi_1=\frac{\beta^2}{\alpha}=\frac{(1+r/100)^2}{1+p/100} \tag{3-17}$$

$$\psi_2=\frac{1}{\alpha}=\frac{1}{1+p/100} \tag{3-18}$$

上述费用系数适用于计算损耗费用的现值。在规划工作中，往往也需要计算空载损耗费用和停电损失费用的现值，上述方程也适用于这些情况。变压器铭牌的空载损耗在整个规划期内保持不变，换句话说，在式（3-17）中，负荷年增长率为0。停电损失费用与负荷成正比，因此，需要修改式（3-17），使得分子项没有平方。

表3-6为不同利率和不同负荷年增长率情况下的费用系数。

表3-6　不同利率和负荷年增长率情况下的费用系数（规划期为30年）的示例表

利率（%/a）	负荷年增长率（%/a）	费用系数		
		k_1	k_2	k_3
4	2	13.59	16.41	20.08
	4		20.00	30.97
	6		24.58	49.95
8	2	9.82	11.58	13.83
	4		13.78	20.21
	6		16.53	31.10

注　k_1——增长率为0（空载损耗费用）；
k_2——按线性增长（停电损失费用）；
k_3——按平方增长（负载损耗费用）。

3.7.2　年金计算

一次性费用（如投资费用）具有长期效应，可以用式（3-19）计算年金系数，从而转换成年金。

$$\varepsilon=\frac{p/100}{1-\frac{1}{(1+p/100)^{t}}} \tag{3-19}$$

式中 ε——年金系数；

p——利率；

t——一次性费用的使用年限，年。

实际上，年金是指一定的初始资金在使用年限内所需的用于偿还本金与利息的年度费用。在规划任务中，投资的年金可以用于考虑安置遥控隔离开关或更换导线的盈利能力。在这种情况下，投资成本的年金可与节省的停电损失费用相比较。

表 3-7 列出了在不同的利率和使用年限内的一些年金系数。使用年限较长时（30~40 年），年金系数主要由利率决定。而对于较短的使用年限，年偿还费用起着决定性的作用。

表 3-7 年金系数的示例表

利率 (%/a)	使用年限 (a)	年金系数
4	5	0.23
	20	0.074
	40	0.051
5	5	0.25
	20	0.10
	40	0.084

3.8 可靠性计算

在电网设计中，不仅需要计算建设费用和损耗费用，也必须计算停电损失费用。在电网布局、备用联络、遥控隔离开关的成本效益分析中，停电损失费用的期望值具有重要的作用。在分析中，必须计算不同电网设计方案对停电持续时间和缺供电量的影响，也必须确定关于这部分电量的准确价格。

缺供电量（non-distributed energy，NDE）估价的下限由配电企业的销售利润率决定，即配电企业因缺供电量而损失的收入。由停电引起的客户经济损失估价几乎无一例外地大于相应的总购电价，因为即使是短时停电也可能影响生产。对于居民客户，停电持续时间的延长可能会增加单位电量的停电损失费用，例如会导致冷冻食品融化的风险。此外，在芬兰，对不同客户组的停电损失评估进行了大规模调查。在这些调查中，对客户所遭受的非计划和计划的停电和限电，进行了商业经济分析。所得到的结果是，停电损失成本价平均高于电价的 10 倍。这些结果可以作为停电损失成本价的上限。

下面介绍有关可靠性的一些简要定义。

可靠性表示所研究对象的特性，表示其在特定条件下的规定时间或时期内完成所需运行的能力。对象可以是配电网或其设备。

故障是指一种状态，在该状态下按照准则认为某个设备不能够执行其指定的功能。对于影响系统的安全或可靠性的重大故障，工作目标将是使其能够启动保护系统。通常来说，带有继电器的断路器可用于隔离故障点。

切换时间是指从故障发生后到系统中隔离故障设备和恢复客户供电的时间。

维修时间是从发生故障到故障设备返回到可供电状态的时间。因此，维修时间包括切换时间和实际维修工作所需的时间。

失效率表示一个运行设备在规定时期内发生失效的平均次数。

持续故障引起保护动作，使得系统一部分的停电持续时间为切换时间，系统另一部分的停电持续时间等于维修时间。较长的停电持续时间涉及故障点所在的线路分段，在没有备用电源的情况下，也涉及故障点下游的电网。切换时间受电网的自动化水平影响。许多配电企业广泛采用遥控隔离开关，遥控功能可以大大减少操作隔离开关所需的时间，也就是用于隔离故障及切换到备用电源所需要的时间。

除了停电损失费用，整个配电区域的供电可靠性可用下列指标描述，这些指标源于加拿大，并与 IEEE 1366—2001 标准《配电网可靠性指标导则》一致：

SAIFI——系统平均停电频率指标，客户平均年停电次数；

SAIDI——系统平均停电持续时间指标，客户平均年停电持续时间；

CAIDI——客户平均停电持续时间指标，客户每次停电的平均持续时间；

MAIFI——客户瞬时停电频率指标，客户瞬时停电的平均年次数。

持续停电通常细分为由持续故障引起和由供电服务中断引起。短路期间发生的电压暂降有时也归为短时停电。上面给出的停电指标的缩写，已为世界各地所采用。

大多数电力客户所遭受的停电源于中压电网。对于辐射状运行的中压馈线，可以用下面的公式计算其停电持续时间和停电损失费用，下标 j 表示电力客户，下标 i 表示电网设备。

年停电频率

$$f_j = \sum_{i \in I} f_i \tag{3-20}$$

年停电持续时间

$$U_j = \sum_{i \in I} f_i \cdot t_{ij} \tag{3-21}$$

平均停电持续时间

$$t_j = \frac{U_j}{f_j} \tag{3-22}$$

缺供电量

$$E_j = f_j \cdot t_j \cdot \Delta P_j \tag{3-23}$$

停电损失费用

$$K_{kj} = \sum_{i \in I} f_i [a_j + b_j(t_{ij}) t_{ij}] \Delta P_j \tag{3-24}$$

其中，ΔP_j 为停电功率。停运损失费用由式（3-24）计算，由与客户年平均功率成正比的常数项（式中的 a）和与年平均停电持续时间成正比的常数项（式中的 b）所决定。

可以使用上面的公式计算每个电力客户的可靠性指标。式（3-20）为停电总次数，可以由设备 i 的失效率计算。例如，如果线路总长度为 120km，架空线的持续故障失效率是 5 次/100km/a，根据线路失效情况，每个客户每年平均将因此经历 6 次停电。

比起计算年停电次数，计算每个电力客户的年停电持续时间是更加艰巨的任务，虽然理论上来说相当简单。我们的任务是，首先要确定电网设备 i 发生故障的平均次数，然后评估由设备 i 引起客户 j 的停电持续时间 t_{ij}。在实际中，这是一个复杂的任务，因为位于电网不同地方的不同设备发生失效时，对于不同的电力客户会引起不同的停电持续时间。一些客户经历的停电持续时间为维修时间，而另一些客户的停电持续时间为切换到备用电源所需的遥控时间，有时一些客户的停电持续时间为手动切换到备用电源的时间。下面用图 3-8 的例子进行说明。

首先考虑由中间馈线的变压器 M1 供电的电力客户。中压馈线由遥控隔离开关 E15 和 E9 设置为开环运行。另外，隔离开关 E11~E14 也带遥控功能。为确定变压器 M1 的客户因持续故障引起的年停电持续时间，首先必须知道每个电网设备的失效率信息（故障率），其次需要知道持续故障引起的变压器 M1 停电持续时间的信息。线路 E10-E11，变压器 M1 或隔离开关 E10 和 E11 的失效，都会造成由变压器 M1 供电的电力客户的停电持续时间为维修时间；快速自动重合闸（遥控切换）引起的短时停电持续时间是由线路 E12-E15，E13-M3，E14-E9，隔离开关 E9、E12、E13、E14、E15，断路器 K3（假设隔离开关 E7 带遥控）以及变压器 M2 和 M3 的失效引起的；线路 E7-E10，变压器 M4 或隔离开关 E7 失效时，会导致较长的停电持续时间（通过手动切换的开关）。

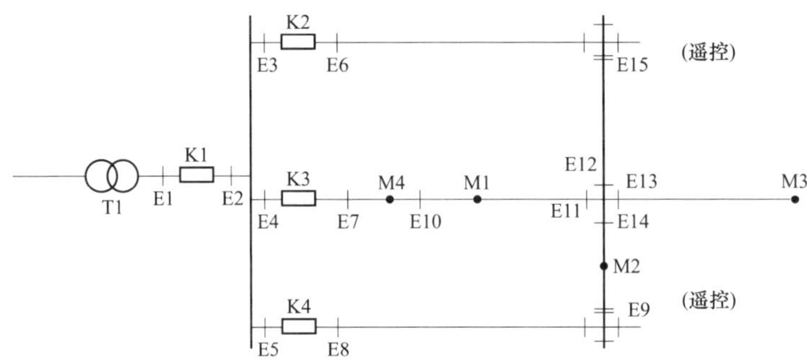

图 3-8　可靠性分析的示例电网

通过上述方式，可以对所有电网设备进行分析，可以确定所有设备故障引起的停电持续时间。再用式（3-21），可以得到每个客户 j 的年平均停电持续时间 U_j。有了年停电频率和停电持续时间，可以由式（3-22）算出平均每次停电持续时间。

每个客户的停电损失费用可以由式（3-24）计算。停电给客户造成的损失取决于故障次数和持续时间，以及客户的类型和功率。费用的计算是基于式(3-24)，即首先确定每个设备给客户造成的故障次数和持续时间。通常将年平均功率假设为停电功率 ΔP_j。停电损失费用取决于电力客户类型，例如，与居民客户相比，服务业客户的停电损失成本价要多出几倍。

必须指出，由于原始数据的不精确和偏差，可靠性计算的结果只是期望值。另外，所提出的方法也没有考虑多重故障的情况。

第 4 章表 4-3 列出了芬兰各类客户停电损失成本价的典型数据。除了持续故障停电之外，表中还列出计划停电和短时停电的停电损失成本价。

图 3-9 计算了一个供电区的客户停电损失费用，初始数据包括停电次数和停电持续时间。

停电损失费用计算作为电网规划的一部分，可以用图 3-10 所示例子来说明，其规划的目的是分析建设馈线之间的联络线（备用连接）的经济效益。

线路长度 l_i 是指主干线两个隔离开关之间的线路和分支线隔离开关之间的线路。W_i 是指主干线各分段输送的年电量。建设联络线将减少主干线的平均停电持续时间，当分段 l_i 发生故障停电的情况，其故障修复时间和切换时间将改变。线路的失效率用 f_j 表示（次/km/a），断路器的失效率用 f_k 表示（次/台/a），忽略隔离开关的失效率(假设为0)。联络线的建设费用通过式（3-19）年金系数 ε 转化为年金。

建设联络线的效益可以由停电持续时间的变化，从而由总费用的变化来确定。下面列出其效益：

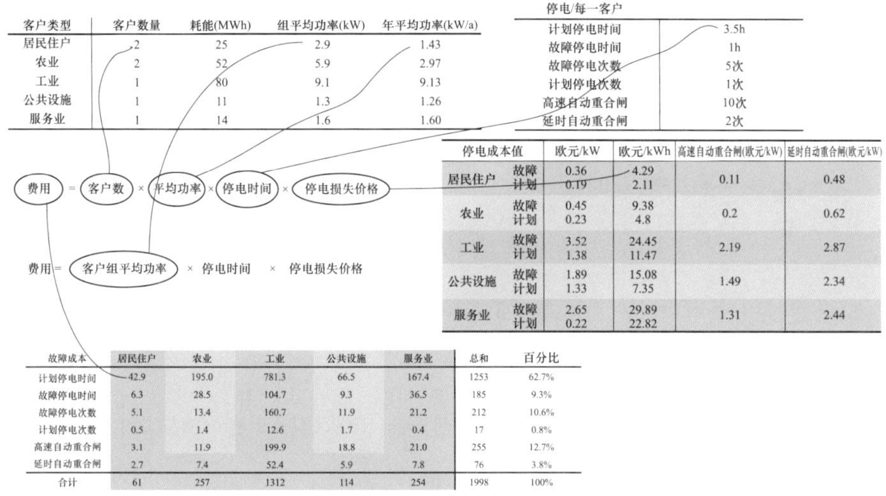

客户类型	客户数量	耗能(MWh)	组平均功率(kW)	年平均功率(kW/a)
居民住户	2	25	2.9	1.43
农业	2	52	5.9	2.97
工业	1	80	9.1	9.13
公共设施	1	11	1.3	1.26
服务业	1	14	1.6	1.60

停电/每一客户	
计划停电时间	3.5h
故障停电时间	1h
故障停电次数	5次
计划停电次数	1次
高速自动重合闸	10次
延时自动重合闸	2次

停电成本值		欧元/kW	欧元/kWh	高速自动重合闸(欧元/kW)	延时自动重合闸(欧元/kW)
居民住户	故障	0.36	4.29	0.11	0.48
	计划	0.19	2.11		
农业	故障	0.45	9.38	0.2	0.62
	计划	0.23	4.8		
工业	故障	3.52	24.45	2.19	2.87
	计划	1.38	11.47		
公共设施	故障	1.89	15.08	1.49	2.34
	计划	1.33	7.35		
服务业	故障	2.65	29.89	1.31	2.44
	计划	0.22	22.82		

故障成本	居民住户	农业	工业	公共设施	服务业	总和	百分比
计划停电时间	42.9	195.0	781.3	66.5	167.4	1253	62.7%
故障停电时间	6.3	28.5	104.7	9.3	36.5	185	9.3%
故障停电次数	5.1	13.4	160.7	11.9	21.2	212	10.6%
计划停电次数	0.5	1.4	12.6	1.7	0.4	17	0.8%
高速自动重合闸	3.1	11.9	199.9	18.8	21.0	255	12.7%
延时自动重合闸	2.7	7.4	52.4	5.9	7.8	76	3.8%
合计	61	257	1312	114	254	1998	100%

图 3-9　一个供电分区的客户停电损失费用计算

(1) 断路器 K1 故障 (f_k)：功率 W_1/T 的停电持续时间从 t_2 减少到 t_1；

(2) 断路器 K2 故障 (f_k)：功率 W_3/T 的停电持续时间从 t_2 减少到 t_1；

(3) 线路 l1 故障 ($f_j l_1$)：功率 W_2/T 的停电持续时间从 t_2 减少到 t_1；

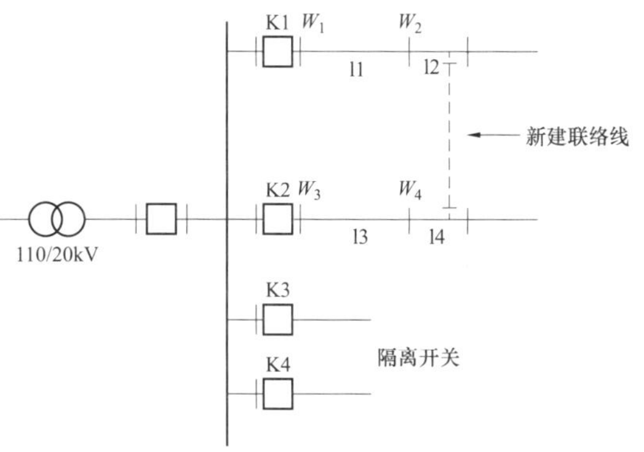

图 3-10　新建联络线的示例图

(4) 线路 l3 故障 ($f_j l_3$)：功率 W_4/T 的停电持续时间从 t_2减少到 t_1。

可以计算投资前后的停电损失费用，确定其投资效益。联络线建设之前，断路器和不同线路段的故障情况下的年停电损失费用 k_{k1}，由与不同设备失效相关的表达式组合而成。由于断路器 K1、线路 l1、线路 l2 故障时会造成上面一条馈线停电，断路器 K2、线路 l3、线路 l4 的故障会造成下面一条馈线停电，这一表达式的形式为失效率×平均功率×停电损失成本。

$$k_{k1}=f_k \cdot \frac{W_1}{T} \cdot h(t_2)+f_j l_1 \cdot \frac{W_1}{T} \cdot h(t_2)+f_j l_2\left[\frac{W_1-W_2}{T} \cdot h(t_1)+\frac{W_2}{T} \cdot h(t_2)\right]+$$

$$f_k \cdot \frac{W_3}{T} \cdot h(t_2)+f_j \cdot l_3 \cdot \frac{W_3}{T} \cdot h(t_2)+$$

$$f_j l_4\left[\frac{W_3-W_4}{T}\cdot h(t_1)+\frac{W_4}{T}\cdot h(t_2)\right] \tag{3-25}$$

式中 $h(t)$ ——缺供电量的停电损失成本价，欧元/kW；

t_1——平均切换时间；

t_2——平均修复时间；

$\frac{W}{T}$——参考期 T 内的平均功率，在本例中为一年。

如果建设一条联络线，由式（3-26）计算对应的停电损失费用，假设备用联络线在故障期间供电，且失效率为0。

$$\begin{aligned}k_{k2}=&f_k\cdot\frac{W_1}{T}\cdot h(t_1)+f_j l_1\left[\frac{W_1-W_2}{T}\cdot h(t_2)+\frac{W_2}{T}\cdot h(t_1)\right]+\\&f_j l_2\left[\frac{W_2}{T}\cdot h(t_2)+\frac{W_1-W_2}{T}\cdot h(t_1)\right]+\\&f_k\cdot\frac{W_3}{T}\cdot h(t_1)+f_j l_3\left[\frac{W_3-W_4}{T}\cdot h(t_2)+\frac{W_4}{T}\cdot h(t_1)\right]+\\&f_j l_4\left[\frac{W_4}{T}\cdot h(t_2)+\frac{W_3-W_4}{T}\cdot h(t_1)\right]\end{aligned} \tag{3-26}$$

设投资费用为 K_{inv}，则由下式决定联络线建设在经济上是否可行。

$$k_{k1}-k_{k2}>K_{inv}\cdot\varepsilon$$

利用以下的示例值进行经济计算：

$P=5\%$，$t=20a$，$t_1=1h$，$t_2=3h$，$T=8760h$；

$f_k=0.01$ 次/个/a，$f_j=0.05$ 次/km/a，$l_1=l_2=l_3=l_4=5km$；

$W_1=15\ 000MWh$，$W_2=10\ 000MWh$，$W_3=20\ 000MWh$，$W_4=8000MWh$。

应用表4-3停电损失成本价，经不同用户组的年用电量加权平均后，平均停电损失成本价函数为

$h(t)=2.10\cdot t$ 欧元/kW，当停电持续时间为1~3h。

因此 $h(t_1)=2.10$ 欧元/kW 和 $h(t_2)=6.30$ 欧元/kW。

根据式（3-25）和式（3-26）的计算，可知：

$$k_{k1}=108+2697+2098+144+3596+2158=10\ 800;$$

$$k_{k2}=36+1498+2098+48+2637+2158=8474。$$

建设联络线后节省的停电损失费用为2324欧元/a，上述参数计算的年金系数 ε 为0.080。那么，投资费用不超过2324/0.080=29 000欧元时，才有可能通过节省停电损失费用而获得收益。

为了使线路建设具有经济效益，联络线的最大长度为 1.5km（例如，截面 $54/9mm^2$的架空钢芯铝绞线）。然而，这个例子仅考虑了故障停电。如果考虑节省的计划停电损失费用，可以改善联络线建设的经济效益。用类似于上面的方法，可以计算出其节省费用。另一方面，假设联络线的失效率为 0，如果现实一点的话，也可略微降低计算所得的联络线经济效益。

以上的简短例子表明可靠性分析需要大量的系统推理和计算工作。

客户停电的频率和持续时间一方面取决于电网设备的失效情况，另一方面也取决于电网的拓扑结构、自动化、保护、维护和修复工作安排等。虽然人不能决定天气条件，但可以通过清理线路路径，选择适当的设备和电网结构，造成影响的第一组参数为失效率。另外，可以将可靠性计算作为电网设计流程中及电网运行流程中的一部分，可以有效地影响后一组参数。

可靠性问题也是一些电网实用策略的根据。以过电压保护的选择为例，其需要考虑的问题为是否采用金属氧化物避雷器。过电压保护位于主变电站的中压馈线、电缆和架空线的连接点以及配电站。配电变压器额定功率较低，过电压保护采用火花间隙通常就够了。这样做的原因是，更换小型变压器的费用以及所供电力的停电损失费用较低。如果考虑到火花间隙保护可能引起电压暂降，那么金属氧化物避雷器就是更合适的选择。

3.9 配电网负荷模型

在智能电表普及的条件下，电网各节点的负荷都有可能进行实时测量。然而，一般来说，电网的地理范围非常广泛，如果没有智能电表就不可能如此大规模地测量功率和电流。因此，在估算负荷时，一般不采用功率参数，而是以客户年用电量为出发点，因为每个客户的年用电量是电量计费的基础，所以是可知的。此外，年用电量也是用电预测的基础。

已知客户的年用电量，这本身并不满足电网计算、电网设计及电网规划所需的大量负荷信息。因此，有必要将电量转换为峰荷或特定时间的功率。通常，采用每小时或每 15min 期间内的平均负荷功率。

年用电量可以通过几种方法转化为功率，这些是通过实际测量、基于大量经验而得到的有关负荷特性的概率方法。估计配电网峰荷的传统方法是采用 Velander 公式，现在已由基于负荷模型的方法所取代。下面将首先简要讨论 Velander 公式，然后详细讨论各种负荷模型。

3.9.1 峰荷估算公式

峰荷可用式（3-27）估算，此式被称为 Velander 公式。

$$P_{max}=k_1 \cdot W+k_2 \cdot \sqrt{W} \tag{3-27}$$

式中 P_{max}——峰荷，kW；

k_1、k_2——Velander 系数；

W——年用电量，MWh。

基于往年的实际测量，确定系数 k_1 和 k_2。表 3-8 列出了 Velander 系数的一些典型值。所列系数只适用于表中所给出的计量单位（峰荷 kW 和年用电量 MWh）。如果计量单位改变，系数也要相应改变。

表 3-8　Velander 系数表

客户组	k_1	k_2
居民住户	0.29	2.50
电供热	0.22	0.90
服务	0.25	1.90

在实际中，客户峰荷并不严格等于 Velander 公式的估值。然而，测量显示，即使部分负荷的峰荷变化较大，Velander 公式给出了基本准确的峰荷估算。Velander 公式特别适用于较大规模的电力客户组（客户数在 40 个及以上）。但是不适用于个别客户的电力估算，也不适合特定时刻的电力估算。

想要估算全部客户的峰荷，仅仅知道供电区域内各类客户组的峰荷值还不够，还必须知道不同客户组的电力需求随时间的变化方式。这种波动可以用所谓的参与系数来考虑。参与系数表示在特定时间的客户组功率与客户组峰荷之比。

3.9.2 分时段负荷估算模型

进行负荷模拟时，有一种客户分析法比 Velander 公式更准确，这种方法基于对不同客户用电模式和习惯的分析。分析目标是创建一种负荷模型，这一模型可定量描述电力客户在不同时间段的用电量。有了这样的负荷模型，可以确定单个客户的每小时功率需求。在实际中，预先选定标准客户组数为 40 组，按时测量这些标准客户组的用电量。目前使用的负荷信息是基于 1992 年以来出版的电力消费调查。由 42 个配电企业进行实际测量，测量数目总数近 1200 组。在 20 世纪 80 年代和 90 年代进行了测量，测量了标准客户组每小时的功率变化，每小时平均功率的偏差，以及用电水平与气温的关系。

电力总消费（不是小型客户组消费）的分析需要研究更大的客户组组数。

这些客户组都具有分层的结构。分层结构如图 3-11 所示，总消费在顶部。

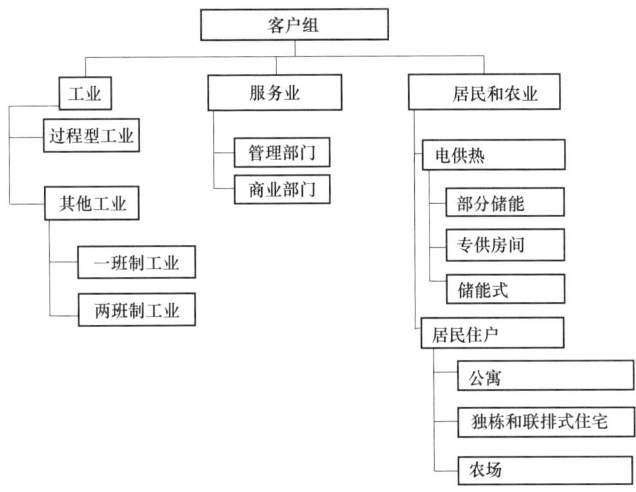

图 3-11 电力客户组的分层结构图

基于测量数据的负荷模型及不同负荷模型的计算流程如图 3-12 所示。

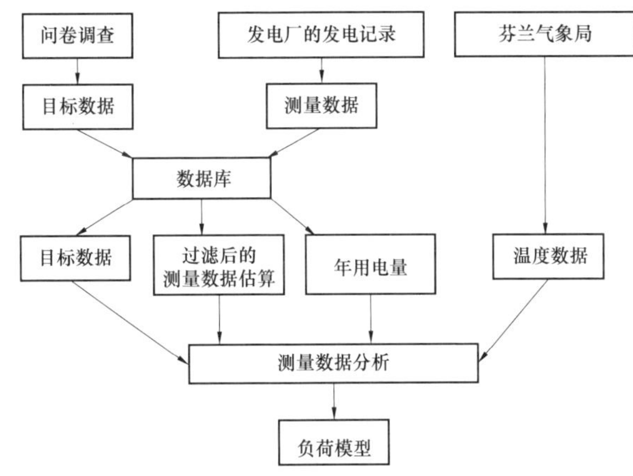

图 3-12 用于负荷模型计算的负荷数据收集及其不同结果计算的流程图

因此，负荷模型的确定基于客户分组的方法：将消费方式具有一定相似度的客户分为同组。对收集的测量数据进行分析时，统计客户组一年中每两周的平均功率以及基于这一功率的两周系数（见图 3-13），然后计算两周内每天每小时模型及其小时系数（见图 3-14）。将一周的每天分为 3 类：工作日、周末及节日。假设两周内的所有工作日是相等的，这样可以减少需要处理的数据量。

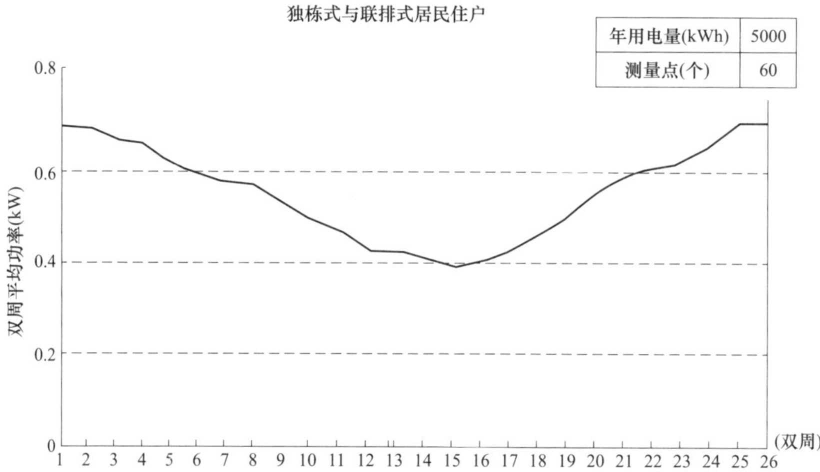

双 周 系 数

双周	1	2	3	4	5	6	7	8	9	10	11	12	13
系数	123	123	118	116	109	107	101	100	97	88	84	77	77
双周	14	15	16	17	18	19	20	21	22	23	24	25	26
系数	73	73	78	79	89	94	100	104	107	112	115	127	129

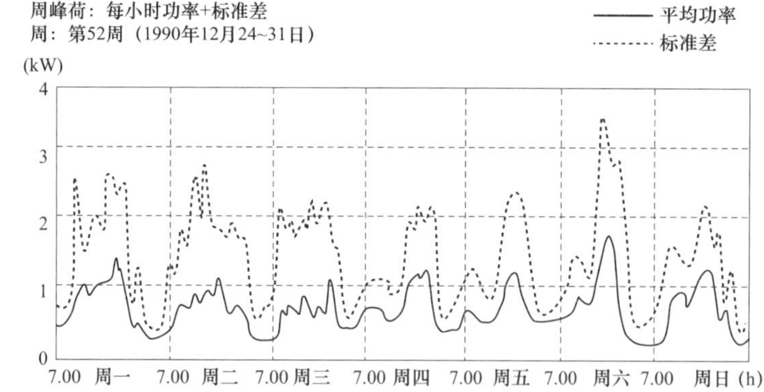

图 3-13 独栋式和联排式居民住户两周平均负荷曲线、负荷系数和实际负荷曲线

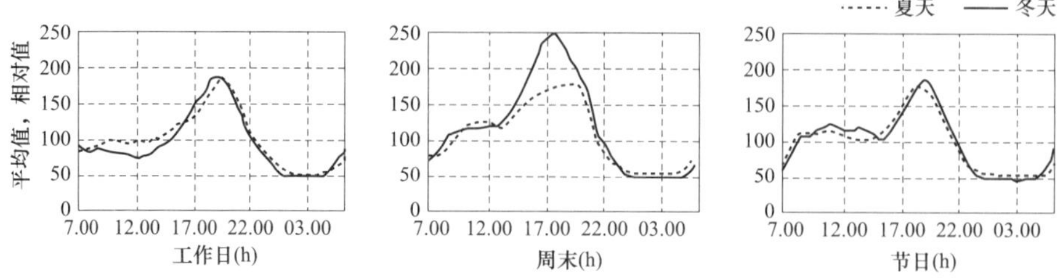

图 3-14 独栋式和联排式居民住户的小时系数

建立综合负荷模型时，可通过简单的线性方法考虑电力消费的气温因素，见式（3-28）。

$$q_{\text{tod}}(t)=q_0(t)+\beta\cdot\Delta T(t) \tag{3-28}$$

式中　$q_{\text{tod}}(t)$——t 时刻电量消费的测量值；

$q_{\text{o}}(t)$——室外温度下 t 时刻的电量消费；

β——温度系数，即电量随温度的变化系数；

$\Delta T(t)$——t 时刻测得的室外温度与室外温度之差。

如果没有其他的信息是可用的，对于具有大量电供热的负荷组，可以取4%/℃作为温度系数。

3.9.2.1　平均功率估算

在 t 时刻的小时平均功率，可以用式（3-29）根据两周系数及小时系数来计算

$$P_{ri}=\frac{E_r}{8760}\cdot\frac{Q_{ri}}{100}\cdot\frac{q_{ri}}{100} \tag{3-29}$$

式中　P_{ri}——客户组 r 在 i 时刻的小时平均功率；

E_r——客户组 r 的年电量；

Q_{ri}——对应 i 时刻客户组 r 的两周系数（所谓的外部系数）；

q_{ri}——对应 i 时刻客户组 r 的小时系数（所谓的内部系数）。

以下为利用负荷曲线估算功率的示例。

假设独栋式居民住户的年用电量是 10 000kWh。在 1 月份第 1 周星期六晚上 17～18 点之间该客户的平均功率为多少？

让我们看看独栋居民住户的负荷曲线图（见图 3-13），从图中可以找到 Q_{ri}，对应相应客户组的 1 月份第 1 周的两周系数。

对于两周系数的数值，图中下方的表格中可以发现 $Q_{ri}=123$。该值表示在 1 月份第 1 个两周的平均功率比年平均功率多 23%。图中显示了年用电量为 5000kWh 的客户的两周平均功率（kW）曲线。

接下来，找到对应星期六（周末）晚上 17～18 点的小时系数 q_{ri}，见图 3-14。

对于小时系数，由于该小时的平均功率比 1 月份头两周平均功率多出 150%，图 3-14 给出冬季周末傍晚 17～18 点的 q_{ri} 为 250（17～18 点平均功率/1 月前两周平均功率×100＝250）。

因此，这 1 小时（17～18 点）的平均功率是

$$P_{ri}=\frac{10\ 000\text{kWh}}{8760\text{h}}\times\frac{123}{100}\times\frac{250}{100}=3.5\text{kW}$$

3.9.2.2 峰荷估算

用上述方法计算的平均功率给出了大规模电力客户组的平均特性。但是，个别电力客户的用电量会出现明显的随机变化，偶尔功率可能会高于或低于平均功率。因此，由负荷模型计算得到的平均功率不能作为单个客户的峰荷，可以认为单个客户的峰荷高于其平均功率。峰荷是一个重要的量值，因为它影响电网选型。峰荷可以由统计法进行估算，假设同类电力客户在某一特定时刻的功率变化服从正态分布。如果分布方式是已知的（假定为正态分布），在这种情况下，可以计算对应于一定超出置信度的概率 α（超出其值的概率）的峰荷值。如图 3-15 所示。

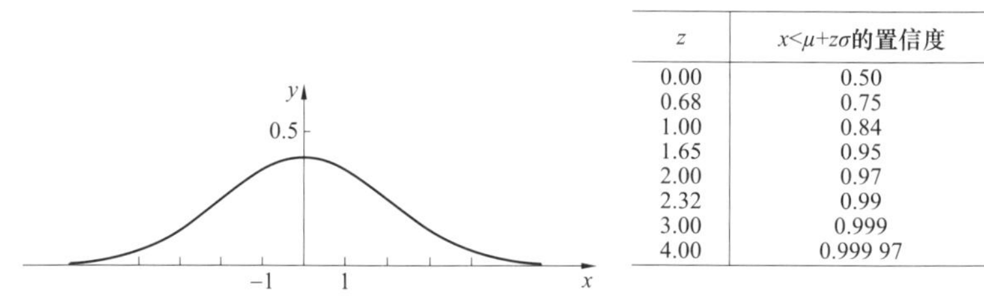

z	$x<\mu+z\sigma$的置信度
0.00	0.50
0.68	0.75
1.00	0.84
1.65	0.95
2.00	0.97
2.32	0.99
3.00	0.999
4.00	0.999 97

图 3-15　正态分布和置信度

例如，如果 $\alpha=1\%$（即使得峰荷不超过其计算功率 Z，且置信度为 99%），根据正态分布，得到 $z_{99}=2.32$。对于置信度为 95%，$z_{95}=1.65$；置信度为 90%，$z_{90}=1.3$。

几个同类客户的峰荷可以由式（3-30）计算

$$P_{\max}=n\overline{P}+z_{a}\sqrt{n}\sigma \tag{3-30}$$

现在，随机变化具有特别重要的意义。如果只有几个客户，偏差较大。峰荷随客户数量增加的变化情况如表 3-9 所示。这里假设偏差为平均功率 P_k 的 50%，根据超出置信度的概率为 1%（在这种情况下，$z_{99}=2.32$）计算峰荷。

表 3-9　峰荷随客户数量增加的变化情况（偏差为平均功率 P_k 的 50%）

客户数 n	峰荷 $P_{\max}$	客户数 n	峰荷 $P_{\max}$
1	$2.2P_k$	10	$13.6P_k$
2	$3.6P_k$	100	$111.5P_k$

在决定单个或几个客户的峰荷时，偏差是一个主导决定因素。在低压电网选型中，必须考虑偏差。随着客户数量的增加，随机变化引起的偏差的作用降低，在上面的例子中，100 户的峰荷只比平均功率高出 11.5%，而单个客户的峰荷为平均功率的 2 倍以上。

实际中，采用对应超出置信度的概率为1%或5%的峰荷作为线路负载水平计算的基础。需要强调的是，当平均功率的偏差较大时，对应于超出置信度的概率为1%或5%的峰荷会有明显的差异。在低压电网中的所有客户组都有类似的情况。相比采用超出置信度的概率为5%，采用超出置信度的概率为1%的低压电网明显具有更高供电能力。采用较小超出置信度的概率使得电网设计更加安全，电网设计不足的情况更少，但电网投资费用将更大。而采用超出置信度的概率5%将使得电网设计更准确，这样在规划期的中间，将有更多的情况需要加强电网。配电企业的战略发展过程中必须考虑到这类问题。

在计算电压降时，可以采用对应超出置信度的概率为10%的峰荷。电能损耗计算时采用对应超出置信度的概率为50%的功率，即平均值。该方法得到的结果有些偏低，因为电能损耗是负荷电流的二次函数。

3.9.2.3　负荷曲线的估算

不同类型客户的峰荷需求通常发生在不同时刻，但总的功率曲线由各个功率曲线整合而成，不同客户负荷整合之后的峰荷通常是低于各个客户的峰荷之和。峰荷可以用式（3-31）计算。

$$P_{\max}=n_1\overline{P_1}+n_2\overline{P_2}+z_{\mathrm{a}}\sqrt{n_1\sigma_1^2+n_2\sigma_2^2} \tag{3-31}$$

实际上，随着客户数增加，随机变化特性下降，以及不同客户组的用电时间不同，峰荷被拉平了。这种现象可以由峰荷时间的增加看出。图3-16给出了负荷曲线整合的一个例子。在图中，居民客户为20MWh/a（4个5MWh/户/a），在节点3有一个30MWh/a的电供热客户。在该图的负荷曲线中，计算出客户在不同时段的峰荷（超出置信度的概率为1%）。此外，节点2的负荷需求为节点3和节点4的负荷总和。居民客户的峰荷约15kW（晚上给桑拿浴室电加热），电供热客户约13kW（夜间电热水箱接通）。节点2的功率在傍晚达到峰值，峰荷约24kW。

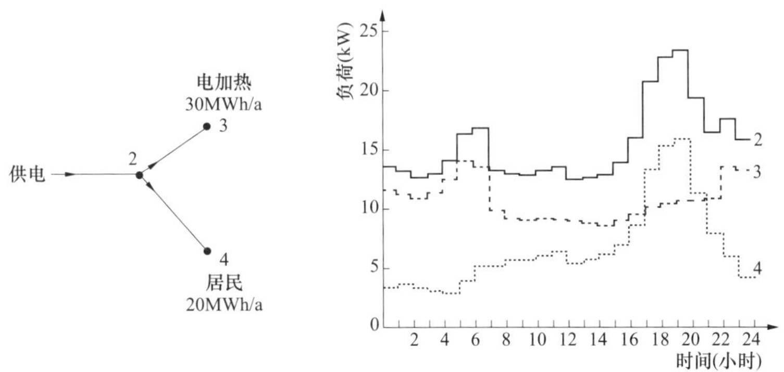

图3-16　超出置信度的概率为1%时的负荷曲线

配电网规划设计经济技术原则

4.1 配电网规划目标和内容

配电网规划包括多种任务。配电网设计的相关时间跨度可能达到几十年，例如，如要预留未来一条 110kV 线路，则需要提前 20~30 年考虑到该地区 110kV 线路建设的情况。配电网规划与设计的任务可以按如下分类（如图 2-7 所示）：

（1）长期发展规划；

（2）目标规划（配电网设计）；

（3）现场设计；

（4）结构设计；

（5）工作计划。

在规划的各个阶段，规划的目标都是要找到技术可行且长期总费用最小的方案。一般来说，任何一个规划任务的函数，都可以归类为如何使规划期内的投资费用、损耗费用、停电损失费用和运行维修费用的现值最小化，见式（4-1）。该费用表达式表示为年规划费用现值的总和，显示了实际计算方法的特点。

$$\min\int_0^T [C_{\mathrm{inv}}(t) + C_{\mathrm{loss}}(t) + C_{\mathrm{out}}(t) + C_{\mathrm{main}}(t)]\,\mathrm{d}t$$
$$\approx \min\sum_{t=1}^{T} [C_{\mathrm{inv}}(t) + C_{\mathrm{loss}}(t) + C_{\mathrm{out}}(t) + C_{\mathrm{main}}(t)] \tag{4-1}$$

式中 $C_{\mathrm{inv}}(t)$——第 t 年的投资费用；

$C_{\mathrm{loss}}(t)$——第 t 年的损耗费用；

$C_{\mathrm{out}}(t)$——第 t 年的停电损失费用；

$C_{\mathrm{main}}(t)$——第 t 年的运行维修费用；

T——规划期。

在规划任务所规定的边界条件内，必须使费用最小化。主要的边界条件有：

（1）电压降不能超过容许范围；

（2）导线的载流量不能超出运行条件；

（3）导线的热效应必须满足短路电流条件；

（4）保护必须满足相关的规定，如接地保护的性能要求；

（5）必须满足电气安全法规的要求，如接地电压的要求。

电网设备的技术经济使用年限较长，可达 30~50 年。较长的使用年限使得配电网长期规划的重要性更加突出。

长期发展规划的目标是确定整个规划期内的电网发展战略原则，也就是说，在不同的年份制订不同且影响深远的大规模投资，使得电网在整个规划期内能够符合规划目标的要求。这个发展战略规划可作为详细的电网设计的基准，并提供相关的背景信息。长期电网规划设计的一个中心问题是，确定主要原则和详细的基础数据，在此基础上可制订发展战略规划和较详细的电网规划设计方案。

配电网规划设计的目标是清晰地确定所实施项目的投资形式，例如中压电网线路的选择、配电变压器和低压线路的选择等实施项目，并确定实现投资的具体时间。

现场规划设计的目标是为所设计的电网结构选址。例如，一个典型的任务是确定架空线的精确路径和线路路径的空间位置。现场规划设计也包括土地的使用及签约问题。

结构规划设计的目标是确定架空线的电杆、拉线和横担结构及其最终位置。因此，结构设计除了提供技术图纸外，还会给出电网配件的订购和交付清单。

工作计划的目标是确定所需的人力和设备资源，并安排工作进度。

4.2 导线和变压器经济选型

确定新建配电线路的一个中心问题是，选择正确的导线截面。与导线截面密切相关的主要费用包括建设费用及与这些费用数量级相当的损耗费用。可以把规划期的损耗费用折算到建设初期（现值法）的方法来计算各种费用的总和。该方法由式（4-2）描述。

$$C=C_{cons}+kC_{loss,1} \tag{4-2}$$

式中 C_{cons}——建设费用；

$C_{loss,1}$——第 1 年的损耗费用；

k——费用系数，乘以 $C_{loss,1}$ 可得到整个使用年限内损耗费用的现值。

建设费用包括人工、物资、运输及其他费用。等式中的所有项目都包含误差源，因此不可能精确确定总费用 C。然而，大多数配电企业都只使用少数几种导线截面，这种计算方法通常也为各种供电方案提供最经济的解决方案。后面将会详细讨论一些限制因素，这些因素将会决定是否需选择一种更昂贵的方案。

式（4-2）的费用系数 k 可以由式（3-15）确定。

在规划一条新线路时，其任务是从可选的导线截面系列中选择最优截面。在规划中，可以使用选型导则给出的限值曲线，该曲线给出了系列中的相邻两种导线截面具有相同的经济效益的情况。选型的任务是求解负载限值，选择价格较高的大截面 A_2 导线的原因在于，A_2 导线节省损耗费用，使其比小截面 A_1 导线更为经济，如式（4-3）所示。

$$C_{\text{loss},A_1}-C_{\text{loss},A_2}>C_{I,A_2}-C_{I,A_1} \tag{4-3}$$

式中 C_{loss}——线路损耗费用的现值；

C_I——线路投资费用。

通过式（4-3），可以推导出关于第 1 年的负载限值（第 1 年需求）的不等式（4-4）。当线路负载超过其数值，则使用较大截面的导线更为经济。

$$S_1 \geqslant U\sqrt{\frac{C_{I,A2}-C_{I,A1}}{kC_{\text{loss}}(r_{A1}-r_{A2})}} \tag{4-4}$$

式中 C_{I,A_2}、C_{I,A_1}——截面 A_1 和 A_2 的投资费用，欧元/km；

r_{A_1}，r_{A_2}——截面 A_1 和 A_2 的电阻，Ω/km；

C_{loss}——损耗价格，欧元/kW/a；

k——损耗的费用系数；

S_1——第一年的负载限值；

U——线电压。

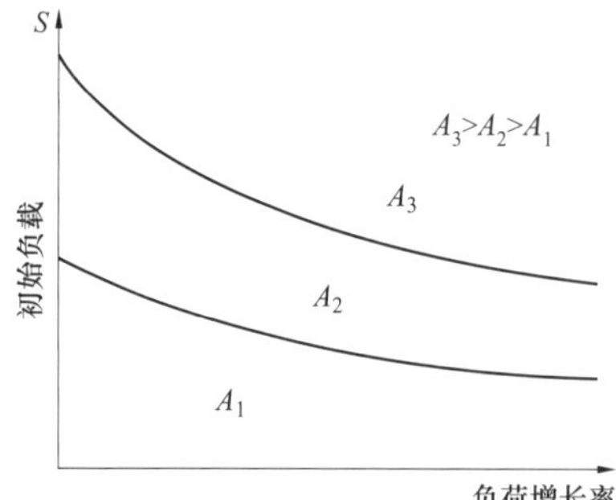

图 4-1 以负荷年增长率为函数的不同截面导线的经济负载范围示意图

通过式（4-4），可以绘制如图 4-1 的选型导则，这里将不同截面导线的经济负载范围表示为负荷增长率的函数。

限值曲线受不同线路方案的建设费用、损耗价格及利率的影响。这些因素可能会随时间快速变化，因此，必要时需要更新选型导则。

当负荷增长率为 1%/a，规划期 T=45a，利率 p=5%，损耗价格为 70 欧元/kW/a 时，表 4-1 列出了中压电网不同类型导线的经济负载水平。

表 4-1　　20kV 中压电网架空线的最优经济负载的示例表

导线 (mm^2)	投资成本 (欧元/km)	电阻 (Ω/km, +20℃)	负载功率 S_1 (MVA)	热稳定容量限值 (MVA)
钢芯铝绞线 34/6	18 000	0.848		7.3
钢芯铝绞线 54/9	19 600	0.536	1.08	9.7
铝线 132	24 100	0.219	1.81	17.1

对于低压电网的导线，负载限值可以简单地通过不等式（4-4）确定。

考虑功率损耗和电能损耗后，将大大提高选型精度。损耗增加了电网的负载，而这并不能给配电企业增加效益。损耗不仅会增加电能损耗的价格，也需要增加电网各部分的容量。从国民经济层面上考虑损耗费用时，需要包括发电系统和输配电系统的全部损耗。如果从配电网角度考虑损耗，最重要的费用因素是需要考虑从市场购入损耗电能。因此，配电企业通常是其所在区域的最大“电力用户”。

不同于建设费用，损耗费用存在于线路的整个使用年限。考虑导线的精确选型时，需要考虑未来电力市场的价格变化对损耗价格的影响。当价格变化的估算不易确定时，常用的方法是在计算中使用不变的货币与商品的价值。

此外，设备必须满足实际安装点的技术要求，而按经济原则选择的导线和变压器不一定总能满足其技术条件。除了需要一定的机械强度之外，导线还必须能够承受负荷电流和短路电流，而不至于产生导线过热的情况。导线的结构和绝缘材料也必须满足运行条件所限定的要求。选择的导线截面不能使线路末端的电压过低。

导线的载流量由导线所容许的最大温度决定，而其最大温度取决于导线材料、绝缘或环境因素。短路时容许的导线温度比正常负荷电流所容许的最大温度要高，因为前者需要承受的时间较短。在环网中，应急供电时的负荷电流甚至可以达到正常时的 2 倍。基于经济原则（按正常情况）选择的导线可能不能满足上述目的，导线可能会过热。而对于架空线，导线的载流量几乎不是导线选型的边界条件。

电压降会影响终端客户的电能质量。从主变电站到终端客户的电能经常要经过不同电压等级的电网和变压器。由各种电器构成的负荷以及所有导线和设备上流过的负载是变化的。电网各部分的电压降及其百分比是时间的函数。总的电压降由客户上游的自动调压节点与客户之间的阻抗以及电网各部分的负载水平决定。最近的“调压节点”通常是中压电网的主变压器低压侧。因此，对中压电网导线截面选型时，电压降并不是一个清晰的约束条件。

对于架空线而言，电压降常常会决定截面选型。对于架空线，电压降至少是比额定载流量更重要的约束条件。

当短路电流大于线路的短路承受能力时，可能会导致导线失效，引起停电，甚至有破坏导线的危险。绝缘子、连接点或者绝缘材料本身以及导线截面的热稳定容量限值，预期的短路前环境温度和短路持续时间决定了线路的短路承受能力。另外，需要考虑自动重合闸的情况。特别是在快速自动重合闸的死区时间内，导线可能并没有得到足够的冷却。在4.3.4节中，将更加详细地讨论相应的约束条件。

4.3 规划的指导性原则和参数

电网发展规划的一个核心任务是，确定实施长期规划和电网其他规划任务所需的原则和基本参数。影响最终结果的原则和主要设计参数包括：

(1) 配电网电压等级；

(2) 结构和设备；

(3) 规划的边界条件：电压降、容许的短路电流；

(4) 经济计算的基本参数：损耗价格，利率及使用年限；

(5) 停电损失费用的计算参数；

(6) 额定功率的基本条件：正常情况、失效情况；

(7) 故障条件下电网供电能力的要求：短路容量和类型；

(8) 规划期的年限；

(9) 负荷预测。

4.3.1 电压等级

决定电网的电压等级和接地方式，并不是配电企业常见的规划任务，但是其效果十分显著。在芬兰，配电网一般是110/20/0.4kV系统，其中20kV电网中性点不接地或经消弧线圈接地，110kV电网中性点部分接地，0.4kV电网中性点在多点接地。许多国家具有不同的电压等级、等级数量以及中性点接地方式，与芬兰的情况不同。

在芬兰，电网设计中面临过一些重要的技术改造问题，如是否将10kV中压电网升级为20kV电网，是否延续45kV电压等级的运行，是否采用1kV电压等级，以及中压电网中性点是否经消弧线圈接地等。

4.3.1.1 提高电压等级

许多城市的中压电网过去运行在10kV电压等级，这可以追溯到10kV和

20kV 地下电缆价格很高的时代，而且那时 20kV 电压等级在芬兰全国尚未通行。在 10kV 电网中，经常会有传输容量不足及电压降过大的问题。采用 20kV 电压等级可以极大地增加电网供电能力。取决于不同的判据，提高电压等级一般能线性或平方地提高供电能力。表 4-2 可以说明这个问题，列出了截面 85/14mm^{2}的钢芯铝绞线在不同的电压等级下的传输能力。

表 4-2　　钢芯铝绞线 85/14mm^{2}在不同电压等级下的传输能力

电压等级（kV）	热稳定容量限值[①]（MW）	最大传输距离[②]（km）	单位长度损耗[③]
10	6.2	2.5	100%
20	12.4	10	25%
30	18.6	22.5	11%

① 热稳定容量限值；

② 当容许的电压降为 4%时，对于点负荷 3MW、cos φ = 0.9 的最大传输距离；

③ 相同负载功率时的单位长度损耗，并将 10kV 线路的损耗作为基准值。

随着电压等级的提高，导线的供电能力迅速增加，绝缘水平也需要提高，这反过来会增加设备的价格，尤其是地下电缆的价格。此外，单条中压馈线将为更多的客户供电，这就容易增加停电损失费用。电压等级提高后，110/20kV 主变电站的主变压器台数也相应减少了，使得单台主变压器的下游线路长度增加了，这样会使接地故障电流增大以及接地电压升高。

在长期规划中，如果采用与 20kV 电压等级相适应的电网设备（电缆、架空线和配电变电站等），就留有机会将电压等级从 10kV 改造为 20kV。在这种情况下，由于实际的改造过程需要改造大量的配电变电站以适应新的电压等级，所以要仔细设计具体的实施过程。改造工作的最后阶段通常是更换中压馈线，或在晚间一段接一段地更换中压馈线。总的来说，改造电压等级的工作需要几年甚至几十年的时间。

4.3.1.2　延续 45kV 电压等级

在芬兰，45kV 输电线路广泛用作 45/20kV 主变电站的电源线。这些线路主要建在不需要 110kV 电压等级的地方，或附近没有 110kV 电网的地方，建设该电压等级下的输电线路。由于 110kV 线路的不断增加，最近很少新建 45kV 输电线路了。随着 45kV 旧线路达到使用年限，就会出现如下问题：是否更换 45kV 旧线路，还是改造为 110kV 新线路，或者是否只是改造为 20kV 线路。在许多情况下，节省费用的理想解决方案是更新 45kV 旧线路，但是 45kV 设备（仪表变压器、断路器等）因市场供应不足而存在采购困难的问题，这会增加更新 45kV 线路方案的风险。

如果传输功率的需求持续低于10MW，则使用现有的45kV电压等级无疑比110kV电压等级更合适，因为其线路建设费用较低。45kV架空线的架构技术与20kV架空线类似，但是110kV线路需要采用更贵的H型铁塔结构。45kV线路的价格大约为3万欧元/km，而110kV线路大约是8万~10万欧元/km。

4.3.1.3 采用1kV低压电压等级

在21世纪的最初几年，芬兰对采用1kV作为20kV与0.4kV之间的配电电压等级进行了研究，主要研究1kV配电电压等级替代20kV分支线的经济可行性。在许多情况下，中压分支线的负载较轻，只有几十千瓦，传输距离只有几千米；然而，对于0.4kV线路来说，这种规模的功率水平和距离又太大了。在中压电网，即使使用最小截面的导线，其传输能力都成倍地超过线路负荷只有几十千瓦的需求。对于1kV（定义为低压线路），可以传输几十千瓦电力到几千米远的地方。1kV线路的价格通常低于20kV线路。因此，当传输功率为10~50kW及传输距离1~5km时，使用1kV电压等级可以是最经济的。由于额外增加的变压器容量和损耗费用，使得用1kV线路替代短距离的20kV线路或负载超过100kW的线路是不合适的。除了经济方面的因素外，采用1kV线路可以提高配电线路的可靠性。不同于20kV分支线，1kV线路配有相应的保护，因此线路故障不会使中压馈线上的所有客户都停电，只有连到1kV线路下游的0.4kV客户会停电。在出于可靠性的原因而将部分配电电网建成地下电缆电网的场合，特别适合考虑采用1kV线路，因为低压电缆及其铺设的费用比中压电缆要低得多。

在第7.7节中，将详细地讨论采用1kV配电电压等级的不同方案。

4.3.2 接地故障电流

单相接地故障会引起故障点接地电压升高（接地电位升高），其大小由接地故障电流流过的接地电阻决定。有些接地电压可能对人体和动物造成危险。在芬兰，有些地区的土壤导电率很低，因此在配电变电站和开关站的保护性接地上，或者低压电网的中性点接地上，很难实现较低的接地电阻，接地电阻通常达到几欧姆。这也是芬兰中压电网中性点不接地的主要原因。在中性点不接地系统中，接地电流小，因此接地电压不高，可以满足电气安全法规设定的相应要求。然而，在一些环境下，在接地条件很不利的情况下，例如在山脊地区，难以满足容许的接地电压限值。在这些情况下，不采用增加接地线中铜含量的方式接地，而是通过应用集中式或分散式的接地故障电流补偿方法来减小接地故障电流。在集中式补偿方式中，在主变电站的20kV电网出口侧和大地之间安装一个消弧线圈，线圈电感的大小应该使流过它的感性故障电流与流过线路电容的容性电流相等。

由于容性电流和感性电流相互抵消，引起接地电压的总接地故障电流将会变得很小。然而，在电网长期发展的过程中，需要根据电网容抗来调节电网消弧线圈电抗的大小，这样就需要应用价格昂贵的自动装置。

接地故障电流补偿除了可以减小接地电压，还可以减小由于接地故障而引起的自动重合闸次数。在中性点经消弧线圈接地的电网中，部分接地故障电弧在不需要使用自动重合闸断开电网的作用下，就可以自动灭弧。因此，电网中的自动重合闸次数则可能减小。

在芬兰，除了在主变电站集中安装消弧线圈装置，也使用分散补偿。分散补偿方案中，在 20kV 馈线的不同节点上采用 5A 或 10A 的接地变压器（消弧线圈安装在接地变压器中性点与大地之间）。在这种方案中，目标是减少与接地电压直接相关的接地故障电流，而部分固定补偿（在分散补偿情况下）可能不会达到灭弧的效果。

事实上，考虑接地故障电流的基本解决方案是配电网长期发展规划的中心任务之一。

4.3.3 配电网络的结构和材料

电网设计中选择设计参数的一个任务是选择电网设备和设备大小。例如对于架空线和电缆，可供选择的导线截面很多。对于电缆，供应商提供的导线截面有 16、35、50、70、95、120、150、180、240、300mm^{2}等。然而，由于过多的方案会增加设备的储备及建设成本，采用所有的可选方案并不科学。配电企业通常只使用几个导线截面，例如低压电缆选用 25mm^{2}的，低压电网架空线选用 70、120、185mm^2。市区电网的一些配电企业必须只使用几种导线截面，例如 185mm^{2}及其倍数关系的导线截面。使用单一的、相对较大的截面会导致轻载电网的“设计过度”，但是会节省规划、储备、人力及损耗的费用。每个配电企业必须确定一组经济截面系列。

除了合适的截面系列，配电企业也必须确定采用地下电缆、架空电缆和架空线的准则。根据目前的单价，多数情况下 110kV 和 20kV 线路的经济方案是架空线。然而由于环境因素限制，电网设计决策不能仅仅考虑经济的盈余能力及其数据。例如在市政土地使用规划中，可能需要事先规定了采用架空线或柱上配电变电站的限制条件。

比较明智的方法是，配电企业为各种可选的结构方案编制实施的规范或说明。有了这些规范和说明，就可以为每一个规划任务进行初步计算，然后根据具体目标的详细信息制订特定的计划。在 6.3 节中，将列举地下电缆和架空线的经济性比较方法。

与导线截面选择类似，配电企业必须为主变压器和配电变压器确定合适的容量。主变压器的典型容量是16、25、40MVA。选择变压器容量时，除了考虑变压器负载水平，尤其是选择大功率变压器时，也要考虑备用变压器容量和接地故障电流的大小。目前的趋势是采用小容量的主变压器，通过越来越多地使用已经被淘汰的10MVA主变压器，可以看出来这一点。

4.3.4 配电网络设计的技术边界条件

在电网设计中，必须考虑的技术边界条件是，线路的热稳定容量限值和短路电流承受能力（最大的容许温度和短路电流）、电网容许的电压降、可靠性要求、故障电流保护功能和必须遵守的电气安全法规。边界条件的具体数值对电网发展的需求有显著影响。在电网规划和设计时，必须编制应用各种边界条件和设计参数的法规，使得电网发展在经济和技术上均长期可行。

实际上，上述大部分边界条件都被定为各种约束条件，例如，电压降不能超过一定水平。实际上，对电压降的约束并没有那么严格。尽管严重的电压降不会引起完全停电，但是会引起各种不同的问题和附加费用。因此，一些边界条件属于规划方面的导则，但不属于严格的边界条件。对于如何应用这些设计参数，配电企业必须需要根据企业具体的运行情况来确定各自的执行法规。

4.3.4.1 电压降

电压降的关键问题是客户供电电压的合理波动范围。在芬兰，配电企业遵循有关电能质量的《SFS-EN 50160标准》和配电行业内推荐的规范。根据规范，在正常运行条件下，连接到配电电网的客户节点（供电终端）相电压的波动应该保持在$230^{+6\%}_{-10\%}$V限值之内，也就是说，在207~244V范围内。在5.3节中，将进一步讨论其标准；在9.3节中，将介绍电能质量问题。

客户供电电压由主变电站电压和配电网电压降之差决定，如图4-2所示。电压降由供电线路长度、导线型号和负载大小所决定。在电网的导线选型中，必须考虑线路电压降。中压电网和低压电网通常是分开设计的，因此，如果可以为中压电网和低压电网各自确定一个电压降上限，则会使规划更具系统性。

为了便于电网规划和设计，实际上需要区分中压电网、配电变压器和低压电网的电压降，确定每个层级各自的电压降上限。对电压降进行优化分配的基本方法是，使每一层级的电压降百分比变化相对应的附加费用相等。

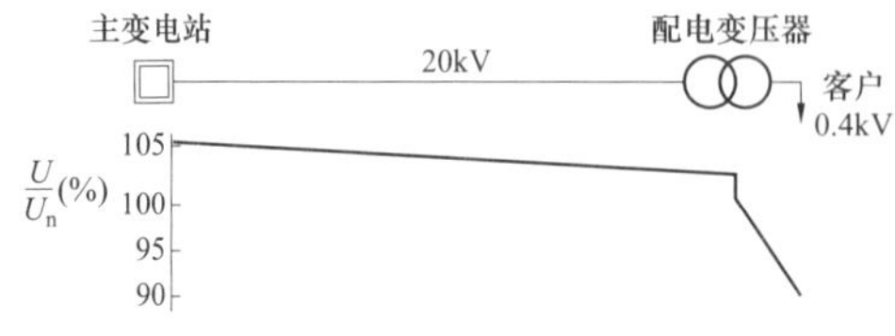

图4-2 从主变电站到客户的电压降分布

电压降分配优化的结果一般

取决于设备的单位投资成本和电网的结构。图 4-3 中列举了一篇论文的案例结果。

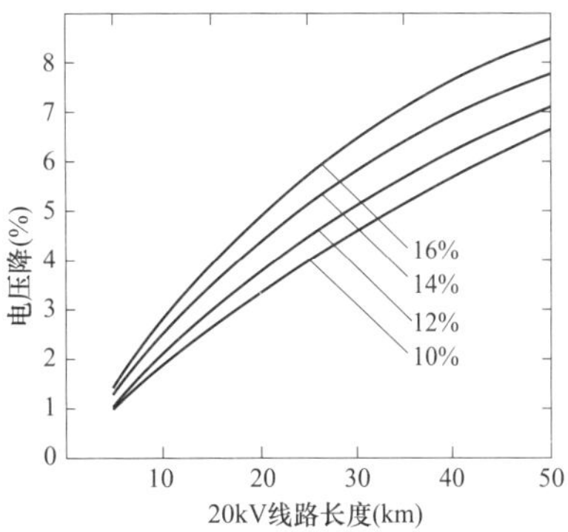

图 4-3 中压线路的电压降优化

（总电压降变化范围为 10%~16%时）

对于容许的中压电压降，城市电网中可以为 2% ~ 3%，而农村电网为 5%。然而，我们应该牢记，一个电压等级的电压降过大并不一定意味着客户供电电压过低。因此，指导电网设计的电压降不应该作为严格的边界条件。在中压电网电压降过大的情况下，为了遵守严格的电压边界条件，就可能会导致较高的投资来增加供电能力。在这种情况下，明智的做法是详细计算每条中压馈线的潮流，这样可以计算终端客户的实际电压降。有可能对于客户来说，中压电网的电压降略有抬高并不是一个真正的问题，或者一些低压电网问题有可能可以通过加强中压电网得到最有效的解决。减小阻抗的最有效方法有时是，提升配电变压器的额定容量。

在正常运行情况下，中压电网的电压降并不是电网选型中重点强调的边界条件。然而，根据中压电网的可靠性要求，在主变压器和中压线路故障时，电网必须输送比正常水平高出许多的功率。在这种情况下，传输距离可能很长，因此电压降很大。在设备失效期间，通常容许电压降超过正常运行情况的要求，例如，中压电网的电压降，城市电网可以是 5% ~ 7%，农村电网 8% ~ 10%。

有关中压电网和低压电网的容许电压降，配电企业编制其一般规划指导是明智的。需要对系统的不同部分（例如主变电站或中压馈线）制定导则。然而，由于电压降作为约束条件时会导致电网容量自动增加，因此电压降不应被严格地用为边界条件。

改善电压降的费用是非线性的，电压降从 4% 减到 2% 所需的费用比从 8% 减到 6% 要贵得多。但是，由于电能质量改善所获得的效益，后者比前者高。

4.3.4.2 电气安全

配电系统要满足关于供电安全的官方法规。对于接触电压保护和接地故障保护的规定特别重要。关于供电安全的边界条件是电网设计的重要指导性因素。然而，计算结果总有些误差，因此在稍微超过短路电流承受能力的情况下，需要具体考虑其计算结果正确与否。

安全法规有可能会修订，例如，欧洲一体化过程使不同国家的安全法规更为统一。

4.3.4.3 热稳定容量限值

电气安全法规包括了线路不同安装条件下容许的热稳定限值。在电缆情况下，由于电缆温度（热量）过高会使室内配件有着火的危险，更重要的是，电缆温度过高会使其使用年限迅速减少，因此必须仔细校核热稳定限值条件。

此外，如果变压器绕组温升过高，变压器绝缘结构会迅速老化。然而，当户外温度低于零度或者变压器配备专用风扇时，户外变压器可以在一定程度上过载。然而，过载能力不应该应用于主变压器正常运行状态下的容量选择，因为在严重失效情况的应急切换状态下，负载会超过正常水平。当考虑失效情况时，需要考虑设备过载的可能性。

4.3.5 可靠性

可靠性是指配电网的可靠性，需要考虑各种停电情况。芬兰的《SFS-EN50160标准》还定义了一种停电状态，在该种状态下客户供电电压比标称电压低1%。

停电可以分为计划停电和故障停电。计划（供电服务）停电是由于电网维修工作的需要，这种停电一般会提前通知客户。故障停电一般由持续或暂时故障引起，一般由外部因素引起，例如设备失效或系统故障。故障停电是不可预测的突发事件，会引起暂时或持续的停电、电压暂降等。

持续停电是指由持续故障引起的停电，并持续3min以上。短时（暂时）停电是由暂时故障引起的，最多持续3min。电压暂降是指终端供电电压迅速降到额定电压的1%~90%并且在短时间内恢复。电压暂降的持续时间小于1s，暂降的电压一般小于60%。

有关电能质量的《SFS-EN50160标准》没有对可靠性给出详细的定义。例如，没有提供停电的具体限值或量化条件。

对于可靠性指标，《电力市场法》规定，如果电力用户遭受的停电超过某些特定的监管限制条件，电力客户有权获得经济赔偿。配电网运营商应付的赔偿金取决于停电持续时间和客户的年系统服务费。当客户停电持续时间为12~24h、24~72h、72~120h、大于120h时，标准赔偿金分别为10%、25%、50%、100%的客户年系统服务费。

但是，针对供电服务停电一次的标准赔偿金，其最大值不超过700欧元/户。

对可靠性的监管主要体现在经济监管方面。在经济监管中可靠性指标非常重要，这使得配电企业必须集中精力进行电网可靠性的发展和维护。否则，企业可能会遭到相当大的经济制裁。然而，经济监管的直接影响也可以看作是一种激励。合理的投资项目和有效的电网运营为电力用户提供服务，为企业赢得财务资源的机会。

然而，经济监管不能为每个电力用户都提供足够高的可靠性水平。在有些场合，没有经济准则来维护合适的可靠性水平。因此，规定中要有保护性条款以保证每个电力用户有足够的可靠性。可以预期，在未来可能会立法规定配电企业有责任推进运营水平，比如使得每个电力用户的年停电持续时间不能超过一定的时间，如12h（可靠性准则）。

必须仔细选择涉及全局可靠性的供电可靠性准则：如果对可靠性指标的要求过于严格，对于国民经济来说，电网解决方案就会投资过高，并且传输费用就会大幅增加。另一方面，如果可靠性不包括在规划任务的边界条件中，那么配电企业为了优化其业务的财务绩效，就有可能降低其电网的可靠性。

为了发展电网的可靠性，配电企业必须从监管角度以及规划和运营的角度清楚地了解客户遭受的停电情况、停电造成的损失费用及其对企业财务状况的影响。图4-4说明了在配电企业运营中的停电统计流程。

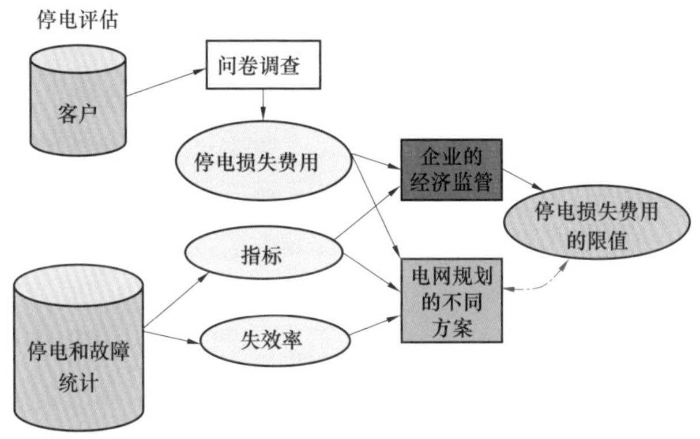

图4-4　配电企业运营中的停电损失评估

4.3.5.1　停电损失的评估

客户因停电所引起的不便和成本，取决于停电的持续时间、总停电次数和短时停电的次数。客户所遭受的约90%停电源于配电网，另外10%停电主要由低压电网故障引起。低压电网故障的数量并不少，从配电企业的角度来看，低压电网故障占据了企业相当数量的维修费用。中压架空网的90%故障为瞬时性故障，通常可由快速及延时的自动重合闸清除。快速自动重合闸一般能够清除75%的故障，而还有一些故障（大约15%）由延时自动重合闸清除。持续故障一般小于10%。快速及延时的自动重合闸是保护措施，其目的是防止长时间的客户停电。

显而易见，如果减少快速自动重合闸的功能，就会增加长时间停电的次数及延长停电时间，这么做是不明智的。短路故障也会引起供电电网的电压暂降，所造成的结果取决于电压暂降的程度和持续时间，与故障有关的主变电站所供电的所有客户都会经历快速自动重合闸造成的不便和问题。

不间断供电的重要性不断增加。例如，停电损失成本价（CENS，outage cost）在10年内（1995~2005年）翻了一番。然而，并不能得出该趋势会继续的结论，但是有可能发展为对于不同的客户组和/或单个客户以不同方式进行停电损失估价。对客户可靠性需求进行分类的工作正在进行中。有些客户对于可靠性兴趣不大，不愿意为此买单，感到可以接受目前的或较差的可靠性；而对于其他一些客户，可靠性则非常重要。

电力用户因意外和计划停电而遭受的不便和损失，对此进行评估是一件复杂的任务。对于一些电力用户，停电所造成的不便是可以量化的。例如生产的中断或工作时间的损失，但是对于其他客户，这种不便可能不易量化。例如对于居民住户，带来的经济损失是间接的（与家务时间表有关）而不是直接的。评估自动重合闸引起的短时停电是一个棘手问题，甚至对于相同的电力客户，会由于停电发生在一天内或一年中的不同时段，使得停电损失发生很大的变化。

在评估停电损失成本价（CENS）时，也要考虑遭受停电的客户类型。停电损失费用（和不便带来的影响）对于不同的客户组是不同的，也部分依赖于停电的时段及其持续时间。对于停电损失，不同的研究会呈现相当不同的结果，而短时停电损失在不同的研究中结果也不同。

在停电损失成本价参数的更新和比较方面，还存在其他一些难点，不同的研究会使用不同的问卷调查方法和数据分析方法。例如调查可能包括一些直接问题，例如停电损失成本价，为获得更高的可靠性水平而愿意支付的价格，或对于更频繁的停电而想要的补偿，或客户为减轻停电造成的不便而采取的措施等。作为分析方法，通常研究人员会直接应用损失价格的评估方法，但是也应用其他方法，尤其是对于居民住户和农场。

在2006年配电停电损失成本价的研究中，通过直接损失价格评估方法，询问了5个客户组（居民住户、农业、工业、公共事业和服务业）关于停电损失成本价的问题，对于居民住户和农业用户组也应用了“愿意支付”和“愿意接受”的方法进行研究。停电损失成本价研究的评估数据被修改成关于特定客户组的按功率和电量计算的停电损失 A（欧元/kW）和 B（欧元/kWh）参数，表4-3中给出了最终参数。

表 4-3　　不同电力客户组的停电损失成本价
（A：欧元/kW，B：欧元/kWh）

客户组	故障停电		计划停电		快速自动重合闸	延时自动重合闸
	A	B	A	B	A	A
居民住户	0.36	4.29	0.19	2.21	0.11	0.48
农业	0.45	9.38	0.23	4.8	0.2	0.62
公共	1.89	15.08	0.33	7.35	1.49	2.34
服务	2.65	29.89	0.22	22.82	1.31	2.44
工业	3.52	24.45	1.38	11.47	2.19	2.87

4.3.5.2　可靠性分析

配电网可靠性可以从三个层面考虑：

（1）在电网设计中，可靠性是计算电网总费用时的关键问题，见式（4-1）。因此，对于提高可靠性的电网投资，由此带来的长期经济利益可能会弥补投资费用。一般基于概率统计的可靠性计算来考虑这种问题。

（2）可靠性准则规定了电网的各种故障情况。例如，当一台主变压器或一条中压馈线故障时，要保证对所有客户进行不间断供电。这一分析在经济上并没有基于故障概率，而是基于与电网供电能力相关的明确边界条件。

（3）对于很少发生的严重停电事故（如极端天气条件下），需另外编制特别的应急预案。

发生严重停电情况时，也是考验配电企业与合作者的组织能力的时候。如果配电企业决定电网应该承受极其严重的天气条件，则严重停电事故对电网发展具有相当大的影响。其结果可能是，所有的中压及低压线路都必须改为地下电缆，以避免遭受风暴雨雪。

（1）基于概率计算的可靠性分析。基于概率计算的可靠性分析是各种电网设计过程的一部分。对于设计参数的确定，重要的是尽可能准确地确定电网设备的失效率，例如我们知道，失效率的不同通常是采用架空绝缘线而不采用架空裸导线的原因。确定故障隔离、备用电源切换、故障修复等时间，也属于可靠性分析的预备参数的一部分。停电损失的财务费用是由电力客户的停电损失成本价来确定。停电损失费用见表 4-3。

（2）与电网可靠性有关的风险分析和容量需求。在电网发展规划中，配电企业必须编定基本的规则，其中需要确定以下问题：配电企业需要考虑的故障类型，电网在故障期间也要保证其供电的区域，在其供电要求中需要包括的故障类型，是否在所有情况下都必须满足 100% 峰荷需求。

在高压电网和中压电网的发展中，通常要求在主变电站、主变压器和中压馈线发生故障的情况下，必须通过备用电源连接来保证电网的正常供电。实际上，要对所有重要的潮流汇合点进行风险分析（110kV 线路和配电变电站），分析中要详细确定所有可能发生的故障类型。风险分析的目标是除了几乎不可能的情况之外，要包括所有可能的故障，甚至需要包括极端事故的情况。例如，如果主变电站配置了现代封闭式网状的双母线系统，两个母线同时失效几乎不可能发生；然而，在传统的开放式网状的开关设备和控制设备中，这种情况是十分可能发生的。

在严重和持久性故障情况下，也必须考虑临时安排的可能性。例如，可以在几小时内由安装在地上的电缆建成主变电站母线系统的临时旁路。

从企业和客户的角度来看，要在所有情况下（甚至是极端事故的情况下）都保证峰荷的供电，在经济上是不明智的。例如，在主变电站间距很大的区域，选型的标准是，主变压器严重故障时能够满足 70%~80% 的峰荷。尽管这样，如果与预想事故有关的失效发生在峰荷（芬兰冬天）时，可以利用媒体通知客户以影响峰荷（例如，请求客户减少桑拿室的供热或汽车内额外的加热器）。如果这些方法都不可行，可以通过在客户之间循环拉闸限电来解决。

在高压电网和中压电网的发展规划中都需要考虑上述有关可靠性的所有问题，也需要确定适用各配电企业情况的最优运行策略。

（3）严重停电事故。配电企业必须为严重停电事故期间的运行编制单独的指导方案。对于配电网，任何法规都对严重停电事故没有明确定义。一些配电企业对于严重停电事故的限定条件是，例如导致 20% 的客户供电停电。应急方案（预案）为维修工作的组织、额外劳动力的使用、通信服务、物资筹备和人员服务等提供说明。严重停电事故的维修工作可能持续数天，因此，有关人员服务和休息安排的问题也十分重要。

4.3.6 利率

经济计算中使用的计算参数对规划结果有显著的影响。计算中用到的参数有利率、使用年限和规划期。在完成规划任务时，要比较各种方案的总费用。计算规划期的总费用时，需要将其折算到现值。因此，利率对总费用有重要的影响，尤其是当不同方案的投资时间计划有所不同时。

经济计算中应用的利率，按照企业的战略，一是以投资的实际融资费用为基准，二是以预期的最低投资收益率要求为基准。当配电企业的主要运营目标并不是配电业务总收益最大化时，一般采用第一种方法。在这种情况下，投资收益的要求可认为相当于负债资本的利率。另一方面，如果企业目标是容许收益最大化，而且要进一步支付股东红利，那么利率水平必须定为至少达到权益法所容许的收益率水平。应该注意，计算使用的利率应该反映投资的风险。风险越大，计算使用的利率越高。按照目前的监管模式，大多数的电网投资几乎是没有风险的。所需的投资偿还可以从客户交付的传输费中获取。尽管如此，由于关于融资的监管条例一般仅提前几年告知，因此当投资项目的使用年限为几十年时，监管模型中所考虑的风险仍然是相当大的。

电网投资期限长和风险低的特点构成了计算使用的利率水平。通常，在计算中采用无风险的长期投资价格（例如政府债券 5 年或 10 年的收益率）。长期且无风险的实际利率水平一般为 4%～6%。

在对电网投资计划的不同类型费用中，利率是最重要的。低利率情况下，运行费用（损耗费用、停电损失费用、维修费用等）的作用较为突出；高利率情况下近期投资成本的作用较为突出，同时远期费用发挥较为次要的作用。因此，实际上，低利率导致在对电网中更多地使用铝和铜（投资费用），高利率的作用则相反。当采用高利率时，进行分期投资也是有好处的，这样可以推迟较高的基本投资。例如，假设主变电站总价为 100 万欧元，利率水平 8%，如果可以通过每年 7 万欧元的分期投资，将新建主变电站的投资推迟甚至 1 年，则这种方式就是有益的。

下一个例子将说明利率水平如何影响农村地区供电方案的费用。

考虑给负荷集中区 A、B 和 C 供电的两条中压馈线（20kV）。图 4-5 仅列举了相关馈线的主干线。负荷集中区分别以单独的负荷点表示，其初始负荷为 A：2.1MVA，B：5.3MVA，C：1.8MVA。

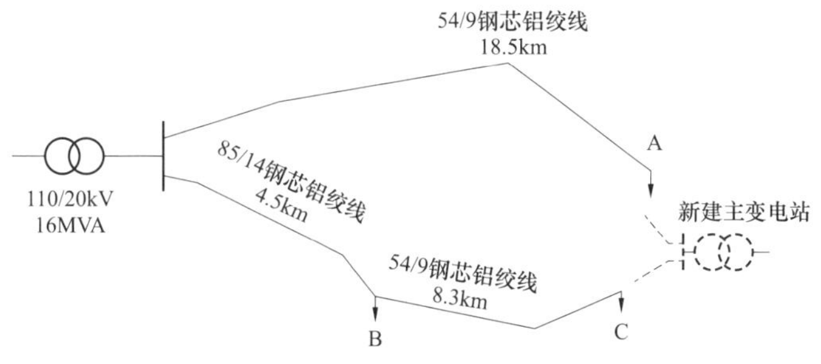

图 4-5　农村地区配电系统示意图

预计负荷增长率为 3%/a。结果，最迟在规划期的第 3 年两条馈线的电压降将超过约束条件（6%）。为提高电网的电压质量，可以通过更换导线或新建主变电站实现。新建主变电站将为负荷点 C 的全部负荷与负荷点 A 的大部分负荷供电。

下面列出电网改造的 3 个不同方案：

(1) 必要时通过更换导线以改造电网。更换导线的费用在规划期（20 年）内约为 57 万欧元。当所有的主干线都由旧线路改造为截面 $132mm^2$ 的铝线后，新建主变电站的计划可以推迟到规划期结束之后。而主变电站的建设费用是 116 万欧元。

(2) 通过更换导线改造电网，直到主干线所有导线都被更换过（更换为大一号截面的导线）。在这种情况下，线路改造的总费用是 27 万欧元。这种方案中需要在 14 年后新建主变电站。

(3) 在规划期的第 2 年新建主变电站，因此不需要更换导线。

规划目标是规划期内的总费用现值最优。

在上述不同方案中，投资安排在规划期的不同时间。在方案 1 中，目标是将新建主变电站的投资推迟到最后可能的时刻，而方案 3 把最大投资安排在规划期的初期。

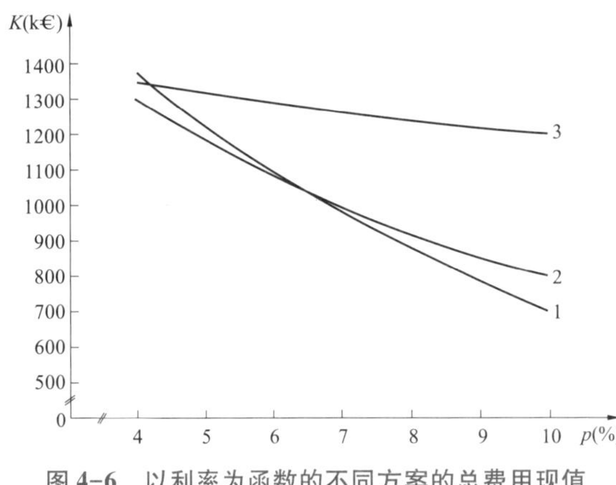

图 4-6 以利率为函数的不同方案的总费用现值

图 4-6 给出了以利率为函数的不同方案的总费用现值。由图可见，不同方案的经济效益顺序取决于利率。利率小于等于 4% 时，方案 3 最经济。因为，方案 3 的费用集中在规划期的初始阶段，费用现值随利率变化最小。当利率大约为 6.5% 时，方案 1 和方案 2 是同等经济的。在利率低于此值时，方案 2 最经济。如果利率在 6.5% 左右时，那么两者的差别不大。

在这种情况下，负荷增长的不确定性也会发挥显著影响。如果增长率比预期慢，在规划期内没必要新建主变电站；如果增长率比预期快，可能表示有必要在规划期初始阶段新建主变电站。因此，可以得出结论为在负荷高速增长时方案 3 是最经济的。

通过以上方式对各种方案的可行性进行比较，可以确定利率，然后计算不同投资方案的总费用。然而对于采用不同利率计算的总费用进行比较是不合理的。

这个例子清楚地说明了大额投资的安排是怎样影响投资方案的收益性。在高利率时，大型投资要尽可能地推迟，而可以通过小额的改造投资以改善投资效益。

4.3.7 使用年限和规划期

电网设备的技术经济使用年限较长，一般为几十年。在计算线性折旧和年金时，使用年限十分重要。表 4-4 列举了由能源市场管理局（EMA）批准的不同类型电网设备的使用年限。术语“使用年限”是指电网设备实际的平均使用时间。因为所有的电网设备出于一些原因，如环境因素的变化，可能无法在整个技术寿命期限内使用，所以使用年限短于技术寿命期限。由于人口中心区的发展，部分架空线必须改造为地下电缆，或者在达到技术寿命周期之前要从原先的地方被移除。对于某些设备，在进行常规维修时，可能会遇到所需备用配件或设备的采购困难。因此，使用年限是电网设备在电网中运行的平均使用时间。实际上这意味着一些电网设备已经超过了其使用年限，一些设备可能由于上述原因在其距离使用年限还很长的时候就被移除了。

表 4-4　　不同类型电网设备的使用年限

设 备 类 型	使用年限（a）
柱上配电变电站	25~40
箱式配电变电站、楼宇配电变电站和卫星配电变电站	30~40
变压器	30~40
20kV 架空线	30~45
0.4kV 架空线	25~40
20kV 隔离开关、20kV 遥控隔离开关站	25~30
20kV 地下电缆（安装）	30~45
0.4kV 地下电缆（安装）	30~45
电缆配电柜和熔断式隔离开关	30~40
木电杆的 45kV 线路	35~45
木电杆的 45kV 和 110kV 线路（单回线路）	35~50
铁杆塔的 45kV 和 110kV 线路	35~60
45kV 和 110kV 地下电缆	30~40
运行控制系统	5~10
电网和客户数据库	5~10
电能计量设备	15~25

续表

设 备 类 型	使用年限(a)
主变电站—110kV/20kV 主变压器	30~45
45/20kV 主变电站	30~45
110kV 主变电站	30~45
主变电站—20kV 开关设备和控制设备	30~45

由于上述原因,在负荷增长及城市规划改变土地使用条件的发展地区,使用年限可能较短。而在农村地区,由于设备可能一直在使用,同时农村的气候条件也有利于木电杆的使用年限,因此使用年限为接近使用年限范围的上限值。

在电网设计中,规划期的跨度通常比设备的使用年限短,计算费用的典型时间跨度是 20~30 年。费用核算一般不会超过 20 年,原因是很难准确预测远期各种因素的变化,如负荷、价格和环境因素变化。另一方面,即使是在较低利率(如 4%)的情况下,20 年后费用现值也不高,因此使用 20 年以上的规划期也不会显著影响不同方案的顺序,因此不会影响最后的规划结果。

4.3.8 损耗费用

损耗费用在电网总费用中占很大的比例,最优选型的中压电网主干线的损耗费用为其投资费用的 25%~40%。造成这种结果的原因是电价、低利率和较长的电网使用年限。损耗计算中的损耗价格对损耗费用有直接影响。

理论上来说,损耗费用计算十分简单,但实际上涉及一些不确定因素。在损耗费用的计算中,首先计算线路或变压器的功率损耗及其年电能损耗(见 3.4 节)。接下来,可以通过损耗的平均价格计算损耗费用,这取决于电能的长期交易价格。配电企业从电力供应商那里采购损耗电量,其价格取决于电价的变化情况,也取决于配电企业损耗曲线的形状。因此,尽管原则上来说损耗的定价十分简单,但实际上却是一个复杂的过程,需要知道线路和变压器损耗效应对于配电企业总损耗曲线的影响,因此也需要知道损耗的平均采购价格。损耗与负载平方的关系进一步使计算复杂化。然而,需要牢记的是,计算通常关心长期费用。损耗价格准确性的微小差异经常加到电价波动的曲线中。目前,损耗的平均价格可以采用 35~45 欧元/MWh。

除了电价,也可以用单位功率年价[欧元/(kW·a)]作为损耗费用的价格。这价格包括了电能损耗的比例。如果配电企业为损耗支付的平均电价是 35 欧元/MWh,现在变压器空载损耗的价格会变成 310 欧元/(kW·a)。

除了支付电能损耗费用,也要考虑损耗在电网电源部分(上游)引起的附加费用。功率损耗增加了相关电网部分的容量，这又增加了这些电网的投资费用和损耗费用。图 4-7 通过费用曲线显示了这一情况。图中的费用曲线可以为中压线路、配变站和低压线路的系列。如果始终采用最经济的选型，费用函数通常可描述成近似的直线。这样，就可以得到由电网不同部分的损耗传输所引起的近似附加费用（欧分/kW/km/a）。费用分析中要考虑观察点与电源点间的整个供电路径。通过采用中压线路和低压线路的平均传输距离，特定电压等级的附加值可以添加到损耗价格中。

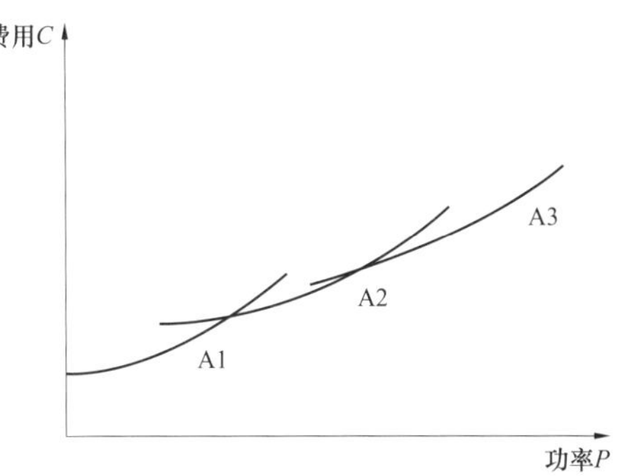

图 4-7 配电线路的费用曲线

以上所述的损耗定价方法包括几个误差源。相比于仅仅采用平均购电价格的计算方法，可以采用更准确的损耗计算方法。

4.4 配电网负荷预测

配电网的负荷及其增长率一直是影响配电网发展的最重要因素。在芬兰，配电网中相当部分的线路和变压器的负荷处于不再增加的情况，即负荷可能保持目前的水平或甚至可能下降。这样的情况，未来也将如此，但是这仍然需要负荷预测，也包括对负荷下降进行预测。

用电量需求一直在不断增长，虽然其增速最近减缓甚至停止了，但仍然有必要综合评估负荷的增长，以优化配电网的发展规划。基于历史数据的预测不能提供充分准确的结果，而有关市政的目前建设情况和客户的去年用电量的统计信息是负荷预测的最佳起点。

负荷预测的目标通常是每年的用电量。对于配电网，区域负荷预测十分重要。在一般规划中，对供电区域进行大体的分区通常就足够了。在农村地区，采用市政分区就可以，但是在城市，可以基于街区进行分区。在基于供电区域内客户组的预测方法中，预测的目标是指定区域内不同客户组的规模及其用电量。相乘因此可得到总的用电量。

客户组方法主要基于配电企业之外提供的基本预测。常用的客户组分类方式为居民住户、农业、电供热、制造业、服务业、度假住宅。

客户组规模通常以客户数、就业数或建筑面积来表示。在进行这些数字的基本预测时，可能会使用由芬兰统计局提供的各种预测信息。典型的例子是住房建设、商业和工业的预测，或由地区委员会提供的发展预测（例如最新的地区计划）。市政机构也可能对其市政计划的一部分会有详细的、目标明确的、通常也是过于乐观的预测。

城镇规划报告以城镇分区为基础而编制。这些规划一般是住宅建设计划和就业预测。工业和电供热的数量和要求的变化对用电量需求有特别大的影响。

年用电量以 MWh/户/年或 MWh/人/年的方式给出。对区域内的用电量进行预测通常是配电企业的任务。这可以在市政预测的基础上进行，通过确定不同客户组目前的用电量，以及把区域人口结构预测及就业前景调查与市政预测相比较，可以确定区域用电量的特征。

对于配电网络的发展规划，必须调整能源预测的区域划分，使其与主变电站的目前供电区域相一致，或与预期规划的未来新建供电节点的供电区域相一致。

采用负荷模型可以把用电量预测转变成负荷预测。表 4-5 列出了区域用电量预测的一个例子。

表 4-5　　区域用电量预测的示例

年	0	10	20
人口	11 700	11 900	12 200
居民住户数	4135	4540	5080
MWh/户/年	4.2	4.7	5.2
MWh/年	17 400	21 300	26 400
电供热个数	637	1037	1744
供热电量（MWh/个/年）	17.1	17.6	18.1
用电量（MWh/年）	10 900	18 300	31 600
度假住宅个数	1030	1240	1600
用电个数	490	650	930
MWh/个/年	1.5	2.5	3
MWh/年	740	1630	2790
电供热的夏季别墅个数	200	330	560
供热电量（MWh/个/年）	4.2	4.6	5
MWh/年	840	1500	2800
农场个数	415	400	370
MWh/个/年	5.6	6.7	8

续表

年	0	10	20
MWh/年	2300	2700	3000
工业就业人数	1350	1400	1475
MWh/人/年	6.1	7	8.2
MWh/年	8200	9800	12 100
公共和服务业的人数	2650	2740	2800
MWh/人/年	5.4	5.9	6.8
MWh/年	14 300	16 200	19 000
MWh/年	54 700	71 500	97 700

影响配电网发展的相关因素

5.1 环境因素

任何技术系统都会对其所处的环境产生一定的影响，而影响的形式和时间跨度会有所不同。技术系统对环境的影响主要体现在对人体、动物、植物、空气、水、自然景观或文化遗产等诸多方面。对配电企业来说，环境问题也是在规划和运营过程中必须重点考虑的问题。这些问题同样也属于费用因素及边界条件的范畴，并像供电可靠性一样，会涉及配电网评估的方方面面。

在电力供应链中，电能转换链（即发电和用电）对环境的影响最大，其中发电厂排放的废气和电气设备的能效是关键因素。当然，配电业务也有可能产生各种直接和间接的环境影响。配电业务所涉及的环境风险主要包括危险物质的释放或泄漏，噪声和影响景观效果等。另外，电气设备引起的安全问题将在 5.4 节中详细讨论。

实施各类法规和监管条例的作用和目标之一，就在于减少对环境的影响。客户和相关利益者越来越意识到环境问题的重要性，并希望配电企业在提供服务时也能以某种方式尊重环境的价值。配电企业必须能够应对客户和政府提出的要求和挑战。通过各种管理制度和方法，可以加强配电企业在环保方面的执行力度，并体现配电企业的环境责任。配电企业在环保方面有很多方法，例如建立《ISO 14001 标准》认证的环境系统、遵守节能协议、提交环境责任报告等。总之，在配电企业的经营业务和其他活动中，都必须考虑环境问题。

5.1.1 景观保护和森林生态

目前，配电网络大部分是由架空线构成的。在芬兰，超过一半的线路建在森林中。大多数主变电站都是空气绝缘的，因此需要有足够大的空间。

从景观保护的角度来看，如果环境的改变造成景观整体性的破坏及其欣赏价值的减少，那么就认为对景观是不利。例如，自然景观中的空地，与环境不相容的工程结构和建筑等。可以说，在景观保护方面，审美价值观和品味在决策中具有重要作用。

在某些情况下，生态保护和景观保护措施之间存在明显的冲突。例如，考虑到生态保护，需要较宽走廊的架空线路通常应架设在开阔的空间中，但是出于审美考虑往往倾向于把线路隐藏在树林中。

为了使在环境保护上花费的额外费用得到相称的最大收益，可重点优先考虑与景观有关的目标对象，例如人口密集的中心区，热门的自然景区，公园、花园、大片田地，各种交叉路口（街道、运河、河道、铁路），地势较高的地区，不同类型景观区的交界处。

观赏景点的人群越多，优先级越高。因此，可优先考虑人口中心和繁忙交通要道的周围地区。另一方面，这些区域通常还包括一些其他类型的工程建筑，这些也有助于让配电线路更好地融入景观。

就中压网络与低压网络而言，遵循一些相对简单和低成本的原则就能达到理想的效果。例如，架空线应架设在山脊和树林背后，避免在峡谷最深处跨越峡谷，避免在山丘顶部横穿道路，避免在视野中出现一长串线路，并有效地利用地形提供的自然背景。

图 5-1 为配电线路的选址案例。

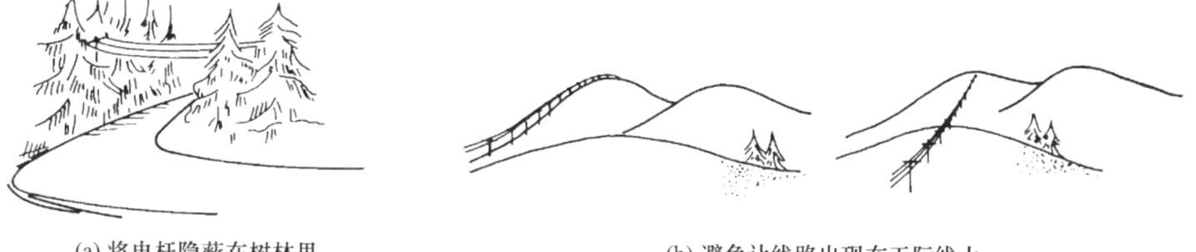

(a) 将电杆隐蔽在树林里　　(b) 避免让线路出现在天际线上

图 5-1　配电线路的选址案例

在景观环境中架设线路或建设主变电站时，应特别重视文化历史方面或其他方面的景观价值。类似地，被保护对象、历史古迹、被保护树木和山石等都应得到特别关注。要尽量避免在这些区域架设新线路。在路边或开阔空间的两边，尽量将架空线置于森林一侧，使电杆的线条融入其中。线路也不应建在水边。一般来说，应该选择使不利的视觉效果最小化的方案。

此外，架空线的结构也十分重要，特别是考虑中压双回线时，采用架空绝缘线可以实现更紧凑的结构。

架设配电网线路时，通常配电企业并不收购所使用的土地，但是每种情况都要单独协议土地使用费。各个利益群体的联盟，如芬兰能源工业协会、芬兰农林业主联合会、瑞典农业生产者联合会、金融服务网络协会等，对于征用森林和田地以建设配电网络的情况，都给出了规定和建议的补偿费范围。征用经济林地同样需要补偿。

建设架空线也有一些积极的效果：因为定期清理线路路径，为一些植物提供了重要的潜在栖息地，它们的生存状态本因草甸的消失而受到威胁。对一些喜欢低矮灌木丛和半开阔空间的鸟类来说，线路路径周边也是良好的筑巢栖息地。

5.1.2 木电杆防护

在森林遍布的芬兰，配电网的电线杆几乎都是木制的。相比于地下电缆、混凝土电杆或钢管电杆，浸渍木电杆是一种经济的选择。木电杆容易安置且使用年限较长。但是浸渍木电杆被列为有毒废物，因此其报废处理必须符合有毒废物的规定。

在电气化的初始阶段，木电杆并没有用木材防腐剂处理。因此，木电杆的使用年限只有大约 10 年。在 20 世纪 40 年代，电力企业开始用各种木材防腐盐处理木电杆。在 20 世纪 50 年代，芬兰生产出含有砷酸和杂酚油的防腐剂。有了木材防腐技术，木电杆的平均使用年限提高到将近原来的 3 倍。大多数 20 世纪 60 年代安置的木电杆现今仍在使用中。以下介绍几种常用的防腐剂。

（1）CCA 防腐剂 和 CC 防腐剂。含有铬、铜和砷的防腐剂被称为 CCA 防腐剂。如今，欧盟已禁止使用 CCA 防腐剂处理木材。因此，在新的施工项目中完全禁止使用这种常见的“绿色”木电杆。

经 CCA 处理的现有木材仅限于特定的专业用途，不能转为他用。经这种方式处理的木材在一些地方不得使用，例如运动场的设备和建筑、庭院家具等。配电企业必须把淘汰下来的废旧木电杆交给危险废物处理厂。目前进行电网建设时，至少还可以循环使用旧的木电杆。

CC 防腐剂包含铬，由于其毒性，将来是否容许使用还不确定。

（2）杂酚油。杂酚油是从煤焦油蒸馏生产出来的。这是一种有效的但有毒的木材防腐剂，用于铁路枕木和木电杆的工业处理。杂酚油处理过的木材，其颜色为深褐色，具有独特的气味，这是因为富有马酸二甲酯。如今，杂酚油处理过的木材仅限于一些工业用途，如与地面长期接触的架空线结构（木电杆或其他杆类）以及铁路枕木、桥梁等承重结构。室内、庭院家具、游乐设施等场合禁止使用经杂酚油处理的木材。

杂酚油是一种高效的防腐剂，能对付破坏木材的生物、真菌、昆虫、白蚁，其低挥发性和不溶性保证了在木材中的持久性，因而使用年限较长。不同于 CC 防腐剂，杂酚油不会造成金属腐蚀。杂酚油具有防水性能，由此可以防止木材开裂和腐烂。由于它的毒性和腐蚀性，在不同的处理阶段，必须采取相应的保护措施。

如今，杂酚油是木电杆防腐的唯一现实的处理方法。

（3）其他油类。最近，用油类（如杏仁油）处理过的木材已进入市场。相比于用杂酚油和 CCA 处理的木材，这种材料对环境危害较小。处理效果来自于杏仁油的防水性，而侵蚀木材的真菌需要水和氧气才能繁殖。原生杏仁油是纸浆生产的副产品。然而，对新型木材防腐剂的接受是一个缓慢的过程，油性防腐剂仍处于试验阶段。

5.1.3 变压器油

在配电系统中，变压器失效虽然较少发生，但失效造成的漏油现象属于危害环境的最大风险之一。由于变压器或其部件的老化，结构失效，变压器油可能会漏到地面，从地面进入地下水。许多柱上配电变电站没有保护性油池，因此其地面和地下水存在受污染的风险，且变压器油还是易燃物。柱上配电变电站的变压器油量为 30~300L 不等，而主变电站的主变压器油量则更加之多。

变压器油具有电气绝缘性，并将热量从绕组传递到冷却器。最常见的变压器油是从原油提炼出来的高品质矿物油。一般要求变压器油具有良好的耐氧化性、电气绝缘性、低黏度和耐老化性。为了减少对环境的影响，也开发了植物变压器油等替代产品。植物油比矿物油对小型动物的毒性要小，并且也有更好的生物降解性。但由于其老化速度快，植物油不能作为绝缘体。

对于处于地下水区域的变压器，为了保护地面和地下水，可使用落地的配变房来替代柱上配电变电站。这些亭式配变房有一个集油槽作为保护池，可接收变压器失效时泄漏的变压器油。箱式配电变电站也可配置集油槽。

使用干式变压器可以消除地下水污染的风险。根据绝缘介质，干式变压器分为树脂绝缘变压器和空气绝缘变压器。树脂绝缘变压器更贵，但属于技术更好的解决方案。干式变压器的经济优越性被其损耗性能削弱了，其损耗要大于油浸绝缘变压器。

5.1.4 温室气体

当阳光穿过温室屋顶时就会加热温室，该温室屋顶使得热量难以散发出温室，因此，使得温室比其周围环境的温度要高。在地球上空就形成了这种类型的“屋顶”。有些特定气体容许太阳辐射到地面，但阻止红外范围内的热量辐射出去，其结果是接近地面的大气平均温度比没有温室气体效应时高出约 33℃。如果没有温室气体，地表温度将是约 -18℃。温室气体效应上升是指，当温室气体增加时，其对大气变暖的影响会增加。

大气中维持和加强温室效应的气体，主要包括水蒸气、二氧化碳、甲烷、臭氧、一氧化二氮（笑气）和氟利昂等。在低层大气的温度上升中，约21℃由水蒸气造成，7℃由二氧化碳造成，2℃由臭氧造成，其余3℃由其他温室气体造成。在21世纪初，大气中的二氧化碳含量比以往40万年都高，超过最后一个冰河时代结束时的1/3。二氧化碳在大气中约占0.037%。

温室气体在大气中的保持时间相对较长，甲烷能保持10~15年，二氧化碳和一氧化二氮约120年。用作电气设备绝缘气体的六氟化硫，在大气中的寿命年限最长，为3200年。SF_6也是非常“强大”的温室气体，这意味着，按照《京都议定书》的计算公式，即使极小的SF_6排放量也相当于几吨二氧化碳温室气体。

电气设备常用的绝缘气体SF_6是一种化学产品，在大气的自然条件下不会产生，是一种非常稳定的化合物。虽然SF_6气体不易燃、无臭、无毒，由于其重量，它可以将一个封闭空间中的氧气置换出来，量大时会引起窒息的危险。泄漏的SF_6气体会集中在电缆槽和其他低洼的地方，因此必须确保这些场合有足够的氧气。考虑到电气设备的机械强度要求，纯SF_6气体是有利的，因为它不属于腐蚀性化合物，而硫、氟经常引起腐蚀问题。但是，若有电弧，SF_6可能会分解出有毒的、腐蚀性很强的化合物。

SF_6气体在输配电的设备和系统中具有重要作用。主变电站是SF_6气体的主要使用场合。这种气体从20世纪60年代一直沿用至今。SF_6气体具有优良的绝缘性能和电弧抑制性能，以及良好的导热性能。到目前为止，还没有发现其他气体具有足够良好的性能，可以在这些应用场合下替代SF_6。

在2005年，芬兰电力系统运营商的电气设备中有70 000kg的SF_6，主变电站占其65%，配电变电站中不到20%，在中压断路器中约占15%。2005年，芬兰输配电设备的SF_6排放记录为200kg左右，也就是说，约占SF_6总量的0.3%。SF_6的排放主要由于设备的泄漏和失效。在维修操作过程中，工作人员使用专用设备可安全地取出其压缩气体。

1997年的京都气候保护会议上，大家商讨了针对减少温室气体排放的《京都议定书》。虽然全球的电力及其他能源行业的SF_6排放量都很小，但这些行业从20世纪90年代初，就已经认真对待这一问题了。总的来说，人们认为SF_6气体对温室效应的影响不明显，所以还没有被禁止在电气领域使用。

5.1.5 电气类配件回收

废物回收是将报废物再利用的活动。在配电企业，可回收利用的废料包括导线、电缆、线圈、横担、电表、隔离开关、绝缘子、电线杆及变压器等。

在配电企业中，旧电网拆除时存在适合回收的金属废料。金属废料必须仔细分类，才能作为原料经济利用。特别是含有铜、铁和铝的导线，适合作为原料回收利用。即使被列为有毒废物的旧木电杆，一定程度上也可以作为支撑结构在电网建设中重复使用。

5.1.6 其他环境因素

设备运行时所产生的噪声是环境影响因素之一。交流电造成了变压器的低频噪声。特别是对于位于住宅地下室的配电变电站，噪声抑制非常重要。高压电网和中压电网中的变压器风扇和断路器在运行时也会产生噪声。

配电网规划也要考虑间接的环境影响问题。例如，导线及变压器的功率和电能损耗需要额外的发输电容量和配电网投资。峰荷时段的功率及电能损耗占有较大比例，其增加的额外需求亦需由发电厂提供。

5.2 磁场问题

电力传输时总会伴随着电场和磁场的出现。因此在配电网规划、设备设计和导线布置中应该考虑电磁场问题。下面将详细讨论磁场问题。人体暴露于电场的问题只在高压输电系统中较为显著。

电流（运动的电荷）产生磁场。磁场强度取决于电流大小、物体与磁场源之间的距离以及磁场源的几何形状。对于变压器绕组，即使负荷电流不是很大，由于匝数很多也可能会导致强磁场。由导线电流产生的磁感应强度与距离成反比。单导线产生的磁场强度简单易记，即导线电流为10A，距离1m，磁感应强度为0.2μT。对称负载的三相导线以及带回路的单相导线，产生的磁场小于由单导线产生的磁场，并与距离的平方成反比。由点状源（例如电气设备）产生的磁场与距离的立方成反比。

工业电炉、暖风机和电动机等电气设备都会产生较强的磁场。在配电系统中，配电变电站和电缆配电柜产生的磁场最强。

人体暴露于磁场的问题一直是深入研究的课题。暴露的机制取决于磁场频率。频率低于100kHz的磁场能够穿透人体，并产生热效应。然而，在这个频率范围内，并不认为热效应会产生显著的生物影响，此频率范围内的磁场问题主要来自于人体感应的电位差及其对人体神经反应的影响。神经反应的一个例子是光幻视，是指人的头部或视觉系统暴露于磁场时的光感。频率高于100kHz的磁场，会加热整个人体，这也是限制人体暴露在这个频率之上的原因。300MHz以上的磁场会造成人体组织局部过热。当磁场频率在10GHz或以上时，热量主要产生在皮肤表面。

目前，涉及暴露于电磁场的规范和指令，例如欧盟理事会的《1999/519/EC规范》，规定了公众暴露于电磁场（0～300GHz）的限值，欧洲议会和欧盟理事会的《2004/40/EC 指令》规定了工作人员接触具有风险的物理设施（电场）时的最低健康安全要求。这些规范与指令也指导了芬兰的立法。《2004/40/EC 指令》规定了暴露于磁场的限值及感应电流密度的限值。如果超过磁场限值，就需要采取措施，但是，这并不意味着就一定超过了指令中的暴露限值。如果超过了磁场限值，企业单位应当证明感应电流密度还不会超过指令中定义的限值。在任何情况下都不得超过暴露限值，即使是瞬间的。电流密度的大小可以通过数值计算方法来确定，因为还没有什么方法能用于测量人体内的电流密度。

在芬兰，《Stam 294/2002 指令》（公众暴露于非电离辐射的限制）与普通公众有关。表 5-1 列出了针对普通公众的推荐值和针对工作人员的限值。

表 5-1　普通公众和工作人员接触电磁场的参考限值

f（Hz）	磁通密度推荐值 B（μT）		电流密度限值 J（mA/m^2，针对工作人员）
	针对普通公众	针对工作人员	
0～1	4×10^4	2×10^5	40
1～8	$4f^{-2}\times10^4$	$2f^{-2}\times10^5$	$40/f$
8～800	$5f^{-1}\times10^3$	$25f^{-1}\times10^3$	10
800～820	6.25	$25f^{-1}\times10^3$	10
$(0.82\sim65)\times10^3$	6.25	30.7	10
$(0.065\sim0.15)\times10^6$	6.25	$2f^{-1}\times10^6$	10
$(0.15\sim10)\times10^6$	$0.92f^{-1}\times10^6$	$2f^{-1}\times10^6$	$f/100$
$(10\sim400)\times10^6$	0.092	0.2	$f/100$
$(0.4\sim2)\times10^9$	$4.6f^{0.5}\times10^{-6}$	$10f^{0.5}\times10^{-6}$	$f/100$
$(2\sim300)\times10^9$	0.2	0.45	—

对于 50Hz 的磁场，针对普通公众的建议值是 100μT，针对工作人员的限值是 500μT，电流密度限值是 $10mA/mm^2$。表中的数值不能被用作单一频率的参考值，在测量和计算时，必须考虑到所有同时发生的频率分量，包括谐波。

可以通过增加距离（与磁场源的距离）和使用导电材料制成的保护罩，来保护人体免受磁场的危害。

在配电网络中，重载的室内电缆和室内配电变电站的周围，磁场干扰和暴露效应可能会带来实际影响。配电变电站低压母线的负荷电流大，如果母线靠近公寓住宅，例如安装在配电变电站天花板上的母线位于公寓正下方，有可能对室内产生 5~30μT 的磁场。在这种情况下，磁场的不良影响可以由屏幕上的干扰花纹看出来。

如果有较大的杂散电流流过建筑物的接地部分（如水管），由此产生的磁场也可能会造成干扰。如果一个设备（如荧光灯）的接地外壳接到了中性线（旧式安装），同时该装置外壳又接到建筑的其他接地装置上，就会发生这种杂散电流。在这种情况下，一部分的返回电流通过中性线漂移在建筑物的接地导电结构中。这种杂散电流，本身是无害的，但可能会引起问题，因为其感应的磁场随距离减弱的效应不明显（单一电流导线）。

在磁场暴露问题上，虽然目前还没有科学证据需要规定更严格的磁场参考值，有些国家颁布的法律比芬兰法律显然更严格。磁场的长期影响也还在不断研究中。

5.3 标准化

根据英国标准学会的定义，“一个标准是公开发布的规范，它建立一种共同的语言，包含技术规范或其他精确准则，是为了一致使用而设计的一项规则、导则或定义。”除了需要官方标准，如 SFS（芬兰）、EN（欧盟）、ISO（国际标准化组织）和 IEC（国际电工委员会）的标准就是这样的官方文件，还需要其他的说明和导则，如特定企业的具体规定。只有当基本要求已经在法律和指令中制定了，那么法规的制定过程才可以被简化。对于细节，可参照合法的标准。当每个人都使用相同的标准进行规划和沟通，国际贸易将变得更加容易，也可以节省成本。电能的质量要求也往往包含在标准中。标准往往需要通过认证（其评估对象符合某些规定的正式认可）来确认为所达到的结果具有公正性和相容性。因此，对于成熟的解决方案来说，所采用的标准包含了大量的技术信息。

5.3.1 机构和标准制定

国际电工委员会（International Electrotechnical Commission，IEC）成立于 1906 年，发布各个电工领域的标准。在百余个国家和地区，IEC 标准是其国家法规和标准的基础。国际电信联盟（International Telecommunication Union，ITU）是信息和通信技术等领域的标准化机构，其他领域的标准则主要由国际标准化组织（International Standard Organization，ISO）发布。

欧洲电工标准化委员会（CENELEC）成立于 1973 年，是准备欧盟（EN）标准和协调文件（HD）的组织。CENELEC 与 IEC 密切合作，其规范主要是基于

IEC 标准。EN 标准主要是设备标准，这些标准必须在 CENELEC 会员国中完全相同地发布。针对同一主题，不容许各个国家的标准与 EN 标准存在偏差。在 EN 标准没有涉及的领域，制定国家标准时应考虑到协调文件 HD 的技术内容。主要理念是，标准不应构成技术性贸易壁垒，而是要为欧盟和欧洲自由贸易联盟国家建立一个统一市场。

在芬兰，电工标准化组织 SESKO 构成 IEC 和 CENELEC 的芬兰国家委员会。SESKO 也是芬兰标准协会 SFS 的一个会员，由 SESKO 编制的所有标准也由 SFS 发布。几乎所有芬兰标准都是基于 CENELEC 或 IEC 发布的标准。大多数的 EN 标准只有通过重新编目并给予 EN 标准 SFS-EN 代码，才能获得批准。只有少数标准以芬兰语公布。

	通用标准组织	电气组织	通信组织
国际标准	ISO	IEC	ITU
欧洲标准	CEN	CENELEC	ETSI
芬兰标准	SFS	SESKO	Finnish Communications Regulatory Authority

图 5-2 标准化机构

编制标准是一个公开的过程。通常由一个工作组起草草案，对该主题感兴趣的专家参与其中。工作组成员通常是行业、科研院所、有关部门等机构的代表。工作组编写的标准草案被分发以征求意见，并通过投票来确定最终提案。如今，标准主要由欧盟和国际合作组织来编写。在芬兰，只有在没有现成的欧洲标准或国际标准时，才进行国家标准的制定。

5.3.2 欧盟指令和标准

欧盟指令构成应用于各国法规的一般要求。考虑到技术安全性，只有“新方式”的指令得到应用，其中只陈述了那些最基本的要求。在由欧洲标准化组织发布的统一标准中，须列出满足这些要求的技术解决方案。

然而，标准并不是强制性的。如果一个产品偏离标准，制造商必须能够证明该产品符合指令中定义的基本要求。实际上这是非常困难的任务。原则上，按照各项要求生产出来的产品，将在整个欧洲经济区自由出售并可以贴上 CE 标志，这是制造商或进口商的声明，表示产品符合所有相关指南中的规定。

在电工领域，有低压指令、电磁兼容性（electro magnetic compatibility, EMC）指令、防爆指令和电机指令，防爆指令与用于具有爆炸危险环境的设备及其保护系统有关，而电机指令涉及电机设备。

欧盟没有关于电气装置的指令，但涉及电气装置安全的有关规定以《芬兰贸易与工业部关于电气装置安全的决议（1193/1999）》形式发表。这一决议是根据指令的模板起草的，它定义了基本的安全要求和标准。

5.3.3 电气设备及装置标准

表5-2列出了低压电气设备及装置的一些标准，以简要形式呈现了其基本差异。电气设备的标准通常是由IEC在全球范围内编制，并在欧洲范围内应用。电气装置的标准也都基于IEC制定国际标准，但在编制标准的过程中，要考虑各国的具体条件，如气候、接地方式和施工方法等因素。

表5-2 低压电气设备及装置的相关标准

标准类型	电气设备标准（如配电柜）	电气装置标准
国际标准	IEC 60439系列	IEC 60364系列
欧洲标准	EN 60439系列 等同于IEC系列	HD 60364 对IEC补充了欧洲要求
芬兰标准	SFS-EN 60439系列 等同于EN、IEC系列	SFS 6000系列 对HD和IEC进行了补充
欧洲指令	低压指令 LVD	无
芬兰法规	KTMp 1694/1993 LVD的修改版	KTMp 1193/1999

这些标准与配电网的关系将在5.4.1节中进一步讨论。

芬兰的标准SFS-EN 50160《公共配电系统电力供应的电压特性》定义了电压的主要参数以及在公共低压配电网中的接户点（电气装置的供电端）在正常工作条件下的电压范围。

还有大量的电气设备、配件及材料的标准。标准中还定义了词汇，图形符号，代码，测试，检查和文档编制规范等。

5.3.4 标准的获取

普通公众可以通过正常的公共渠道获得标准。英文版欧盟标准和IEC标准可以从 SESKO 购买。SFS 销售欧盟电工标准、ISO 标准和 SFS 标准。SFS 还提供其他国家的标准，并将标准合集出版为 SFS 手册，以电子形式提供。获取标准收取一定费用，以补偿编制标准的部分成本。欲了解更多信息，请参阅网站 www. sfs. fi。

5.4 安全管理

电气安全包括以下内容：

（1）安全的电气设备。电气设备在正常运行时必须没有引发触电或火灾的危险。在电气设备的设计过程中，必须考虑到常见的错误使用方法。

（2）安全的电气设施。电气设施的安装工作必须由专业人员使用合适的材料和配件来完成。电气设施是指由电气设备与可能的其他设备和结构构成的一个功能性实体。例如，电网可以看作是由电气设备连接在一起的单一实体，即构成了单一的电气设施。

（3）电气设备及电气设施的正确使用、状态监测和维护。电气设备及电气设施的所有者，为了保证电气设备和电气设施的安全性，必须考虑所采用的相关技术。检测到任何缺陷时都必须立即修复，以免造成事故。

（4）电气安装的作业安全。涉及电气安装的工程工作应经过缜密计划和实施，使工作人员的意外风险降到最低。采用正确的作业方法、遵守设备的使用方法和使用说明，是保障电气安全的核心问题。

电有可能危害人体及其财产和环境，除此之外，缺电情况也可能会产生严重的后果，见图 5-3。即使是很短时间的停电，也可能会造成严重的危险，尤其是对医院和畜牧业的危害。

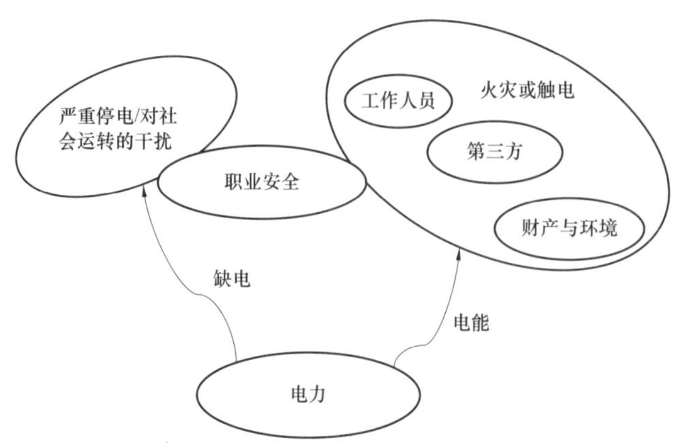

图 5-3 电力可能造成的危害

社会通过各项规章制度来监管电气安全水平。我们的目标是保证电气安全，具体手段为发布电气设备及电气设施的基本安全要求、设置检查责任、规定现场监督或工作人员的资质要求，并要求其具有专业能力。规定中还包括有抗干扰水平和容许的干扰水平等具体要求。电气安全法规涵盖了电气设备从设计到拆除的整个寿命期内的要求。

电气安全法规给出了明确和严格的目标。根据规定，电气设备及电气设施的设计、制造、修理、维护和使用必须满足以下条件：

（1）不危及生命、健康或财产安全；

（2）不会导致不合格的电场或电磁场干扰；

（3）其运行不容易受到电场或电磁场干扰。

在芬兰，电气安全问题属于贸易和工业部的管理职责。电气安全相关的核心法律是《电气安全法》《电气安全指令》以及贸易和工业部的相关决议和指令。贸易和工业部下属的安全技术管理局（TUKES）负责芬兰的电气安全监管职能。

在欧洲，有关当局颁布技术安全决议时，其基本原则是这些决议并不涉及详细的技术规范，而只定义基本要求，技术细节则可参照相关标准。这一原则已应用于大多数的指令，如低压指令（Low-Voltage Directive，LVD）规定了电气设备的安全要求。

电气安全监管不仅是官方机构的职责（见图5-4）。在欧盟，电气设备制造的监管是制造商自己的责任。官方不参与初期监管。电气设备的制造须遵照国际统一要求（标准）中的详细规定。对于电气设施的安全保证问题，主要手段是施工人员（电气合同人员）、设备制造商及电气设施业主的自行控制，以及公正的第三方监督，即经授权的商业检查员和测试机构的监督。

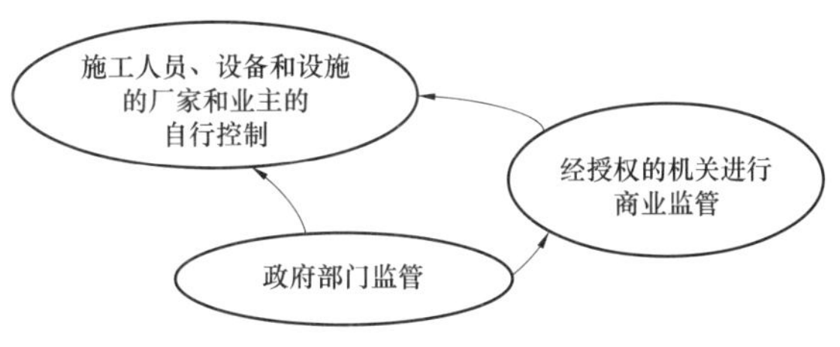

图5-4　电气安全的监管示意图

5.4.1　电气安装的安全要求

对于电气安装的安全保障，其关键要素是：

（1）电气作业的有关条款和资格；

（2）电气安装的安全检查工作；

（3）电气安装和维护运行的业主自行进行的状态监测；

（4）将电气安装和电气安全的标准作为技术导则。

关于电气安装，不存在欧盟指令，因此需要制定国家标准。在芬兰，电气安装和电气作业的安全法规为贸易和工业部公布的指令，这些是实际的电气安全法规，与欧盟指令相对应。

在芬兰的安全决议中，定义了安全级别，提出了相应的基本安全要求，并且表明，如果遵守了由官方标准化机构批准的标准，可以视作这些要求就得到满足，在芬兰这意味着采用 SFS 标准。为保证电气装置符合法律要求，最简单方法就是按照标准进行安装。

电气安装的相关标准与其他设备安装的标准有所不同，因为它们受到诸如气候等自然条件和施工方法的影响。因此，对于电气安装，不可能达成完全一致的国际标准，总是会涉及不同国家的不同附加要求。但实际上，不同国家的电气安装标准还是相当接近的。

在芬兰，电气安装标准的编制是芬兰 SESKO 电工标准化组织的责任。为了满足官方要求，应遵循的芬兰标准包括：

（1）《SFS 6000（电网的低压电气安装和安全）标准》系列基于 CENELEC 协调文件 HD 384 和 IEC 60364 系列（也适用于低压配电网络）；

（2）《SFS 6001（高压电气安装）标准》基于 CENELEC 协调文件 HD 637；

（3）《SFS 6002（电气作业安全）标准》基于 CENELEC 的《EN 50110-1 标准》和《EN 50110-2 标准》；

（4）爆炸危险环境下的电气设备和安装的标准，采用欧盟标准；

（5）高压架空电力线路的标准：EN 50341 系列适用于超过 45kV 的交流架空线，EN 50423 系列适用于 1~45kV 的交流架空线。

偏离标准是可以的，但在这种情况下，需要提供书面报告，表明有关的电气安全和电气设施结构满足安全的基本要求。该报告应在开始建造和维修电气设施之前提交。报告应该包括：

（1）所选的解决方案能够确保满足安全的基本要求；

（2）说明解决方案如何满足安全的基本要求；

（3）由甲方出具的偏离标准的准许证明；

（4）报告编写人的身份证明和签名。

电气安全法规规定了下列检查工作：

（1）由承包商进行工作检验；

（2）由授权的检验机构或检查员执行验证检查或定期检查；

（3）自行维护检查。

承包商在电气安装前，要对所有电气安装事项事先进行检查。所有两户以上住宅的建筑需要核实检查。输电网和配电网有义务进行核实检查。核实检查除了可以由授权检验人员或检验机构进行，也可以由安全技术管理局 TUKES 授权的承包商来检验自己的安装工程。

5.4.2　电气作业

电气设备的安装和维护工程是受监管的活动，只能由注册的、合格的电气承包商进行。注册的先决条件是，承包商提交了一份工作通知给安全技术管理局 TUKES，后者发放证书以确认收到通知。无证人员仅有权进行简单的电气作业，如更换保险丝或准备、修复扩展设备。电气布线设计不受监管，也不需要活动通知或 TUKES 的批准。由这个领域的利益团体批准和监管其资格认证体系。

进行电气作业操作的关键前提是电气作业的监督制度。电气作业要求有监事（被称为电气作业监事），并在操作工作中被称为电气安装操作监事。监事应当持有资格证书。认证的前提条件是此人经过培训并具有获得电气作业工作经验，并已通过 TUKES 的“电气安全考试”。

电气作业操作监事的责任是，确保所有进行安装和操作的人员具有电气作业的适当培训和工作经验，确保他们已经在各自负责的那部分任务方面得到相应的指导，以及确保工作中提供了相应的设施设备。操作监事的责任还包括确保良好的安装方法和执行电气安全规程，电气设备及安装的检查按规定进行。《电气安全法》规定业主有义务确认电气操作监事是否具有履行职责的实际可能性。

在 1kV 以上的电气安装和容量 1600kVA 以上的低压电气安装中，需要电气作业操作监事。操作监事应当持有相应的职业资格证书，才能作为负责电气安装的承办商的电气作业监事。

操作监事不一定受雇于电气设施的业主，而可能由负责电气设施的维护企业来聘用。这种安排的一个前提条件是，该企业已经持有与电气设施业主的维护合同，且操作监事应当始终是一个自然人。

5.4.3　电气作业的安全措施

除了确保电力设备及电气设施的使用者安全之外，电气安全措施的另一个目标是确保安装、维护和操作活动的安全。保证电气作业安全的关键要素是通过培训和工作指导获得专业技能，适当的工具和防护设备以及适合当前任务的工作方法。

除非法规和具体规程得到正确的执行，并且电气安装或其相关工作的所有人员都熟悉并绝对遵守这些规程，否则仍是一纸空文。开始工作前和工作期间，电气作业的负责人必须确保所有的法规、要求和说明都得到遵守。

除了导则和特定任务的说明，雇主应当保证所有电气作业的人员，包括作业和操作监事、专家，受到适当的通用电气作业和安全急救技能的培训。安全电气作业的原则由《SFS 6002 标准（电气作业安全标准）》给出。所有在该领域的专业人士都应熟悉此标准的内容。《SFS 6002 标准》是基于欧盟电气标准组织 CENELEC 的《EN 50110-1（电气安装操作）标准》。

电气作业可分为三种作业程序：断电作业、带电设备附近作业和带电作业。出于安全原因，无论何时，断电作业都应该是尽可能采用规范方法。在工作场所进行断电作业时，应按照以下规定的顺序进行操作：

（1）首先将工作场所与所有各方电源，包括备用电源的可能连接完全断开；

（2）确保工作过程中不会发生重新连接；

（3）用合适的电压测试器核实该装置已断电；

（4）工作场所应接地，能够使工作场所得到适当保护，以防作业过程中电气设施突然带电；

（5）所有带电部分要标记，以便在工作过程中易于检测；

（6）如果必须在带电部件附近作业，要提供针对带电部件的保护；

（7）在开始工作之前，再次检查，确保上述所有措施得以实施。

在许多情况下，严格按照上面的操作过程，可以简单地防止现场发生专业电气事故。

带电作业仅容许经过特殊培训的员工操作，并需持有安全工作所需的设备和工具。带电作业人员可由本人触摸裸露的带电部件，或使用工具、配件或设备伸入带电工作区。带电工作时，工作场所必须是稳定的，使得工作人员能够灵活移动肢体。迫于减少电网工作停电的压力，带电作业的情况似乎在增加，因此，带电作业培训必须至少每 5 年一次。

5.4.4 状态监测

电气安全法规强调，电气设施的业主应该负责电气设施的安全。维护工作是对电气设施进行预防性、校正性或完善性维护。预防性维护是根据计划进行维护，以防止设备损坏，保证其良好状态。校正性维护是使有缺陷的部件恢复到特定工况，或由更换新的部件以恢复电气设施的正常工作。完善性维护是改善电气设施的一些属性，可以包含在预防性或校正性维护中。

在维护计划中，至少应该考虑到以下 7 个方面：

（1）电气设施的整体清洁度和规整性；

（2）过电流保护功能，包括保护的设定值；

（3）接地和保护导体回路的状况；

（4）防止接触设备的机壳及其他防护设施的状况和充分性；

（5）确保给配电柜和电气设施适当上锁；

（6）图表、标志、警示标志等；

（7）装置业主的自行检查。

所有各类电气设施（居民住户建筑物内的电气设施除外），除了业主的自行维护检查之外，还必须定期检查。电网的网络运营商应该至少每5年进行一次定期检查。定期检查的目的是要确保以下4个方面：

（1）电气设施的使用安全；

（2）维护计划规定的措施都在电气设施中得以实施；

（3）维护说明和使用电气设施所需要的设备、图纸、示意图、说明都齐全；

（4）有关扩展工程和改造工作都有合格的检验记录。

电气设施业主的检查清单包括以下5个方面：

（1）通知规定检查的电气设施及其检查时间表，以便安排足够的人力和财力资源；

（2）电气设施的责任（产权）边界需要明确（如果有必要），例如楼宇配电变电站的情况，因为很多电气设施的责任人是特定持有者；

（3）必须编写有关电气设施的服务和维修方案，并应该遵循其方案；

（4）电气设施中检测到的任何缺陷或故障必须尽快解决；

（5）电气设施的业主必须确保在检查后的3个月内，递交定期检查的通知给登记官员。输配电网络及其设施需要运行主管将通知提交给安全技术管理局TUKES。

6 高中压配电网发展规划的原则及技术问题

本章主要讨论中压配电网发展的相关原则和技术问题。高压配电网发展的一些相关问题也会在本章讨论。这里所讨论的大多数原则也适用于低压配电网发展方面的问题。

高压配电网和中压配电网的发展特点是时间跨度大以及投资相关性强。高压和中压配电网发展是一个持续发展的动态过程。这相对于低压配电网规划而言，是一个显著的区别。低压配电网相对独立，可以在规划初期就实现整个规划期内的需求，但是，对于高中压配电网，则是不可能的。实际上，高中压配电网每年都必须将其作为一个整体来发展。因此，高中压配电网发展的核心任务是：确定采用的具体措施以及确定发展的具体时间、地点和理由。在配电网发展过程中，一个良好的具有前瞻性的规划可以起到关键作用，见图 6-1。

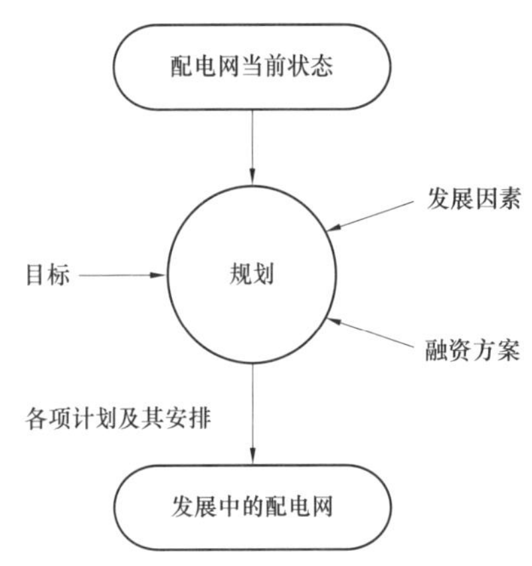

图 6-1　规划在配电网发展中的作用

配电网规划的目标是，使得配电网能满足由现代社会所确定的所有需求，但当前技术还无法完全实现。影响配电网规划的核心因素是负荷水平时空上的变化以及其他各种变化，例如在人力、设备和损耗之间的各种费用比率的变化。

配电网发展规划将产生出各种规划方案，这些方案考虑了各种发展因素，从而使得电网在尽可能符合成本效益的条件下达到预定目标。发展规划包括各种措施类型和具体实施的时间表，例如，110/20kV 主变电站的总体规划及其建设进度表，中压网络拓扑结构的规划和主干线的选型等。这些措施都涉及较大规模的投资，需要考虑配网企业在每个期间的融资可能性。因此，在发展规划中，应该为企业制订一个发展策略，并由详细的电网设计来支撑。通过这种方式，网络拓扑结构的合理发展才能得到保证，而网络拓扑结构主要是由新建主变电站的计划和配电自动化投资所决定的。

6.1　主变电站（高压/中压）

主变电站为中压配电网供电。在主变电站中，较高一级的电压（通常是110kV）被转换为20kV电压等级。主变电站是最重要的配电网独立节点，其位置和容量在很大程度上决定了中压配电网主干线的长度、截面以及事故备用连接方式。主变电站可以是电网各种系统的中心，例如大部分的配电网保护继电器就安装在这里。电能质量的维护和改善常常是新建主变电站的主要原因。

主变电站由高压母线、一台或几台主变压器、中压母线和带有配电管理功能的辅助电压控制系统组成。在农村地区，采用传统的空气绝缘主变电站；在城市地区，为了紧凑和视觉美观，高压或中压母线或者两者都经常使用SF_6气体绝缘方式。

图6-2和图6-3所示分别为农村地区典型主变电站（含一台主变压器的空气绝缘主变压器）和110kV侧主接线图。

图6-2　典型的农村地区带一台110/20kV主变压器的空气绝缘主变电站

主变电站可能由几条进线供电，从而可以根据需要选择供电方向；并且根据母线的类型，也使得高压环网开环点的改变或者电网的网状运行成为可能。在图6-3中，左侧支路提供备用电源，例如用作断路器维护时的备用电源。在这种情况下，故障发生在另一个主变电站时，110kV断路器跳闸。

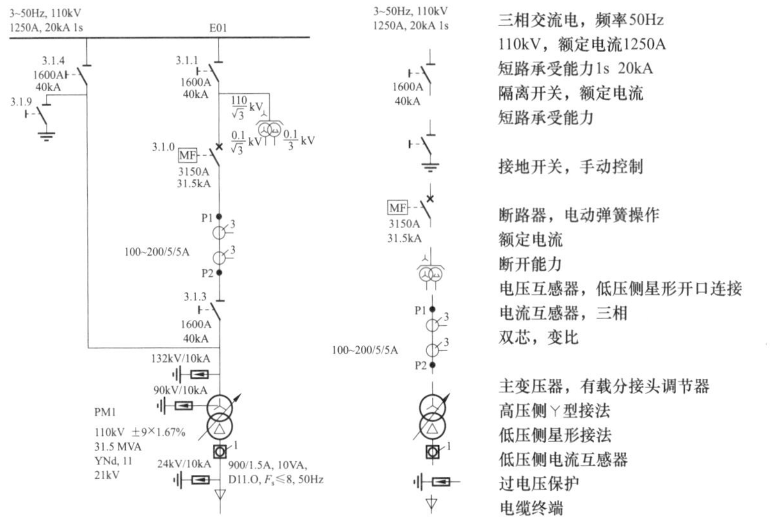

图 6-3 110/20kV 主变电站的 110kV 主接线方式

主变电站的母线和断路器可以有不同的方案，这为供电方式的变化提供了可能。例如，想在重载时改变中压联络开关的状态，就必须在配电网规划设计中考虑到这种特殊要求。

主变电站中价格最高的设备是主变压器。主变压器容量会影响中压配电网的短路电流幅值。主变压器容量的典型范围是 10~40MVA。在正常运行状态下，主变压器一般不能按其额定功率运行，因为必须保留一部分主变压器容量，作为邻近的主变压器或邻近的主变电站发生故障情况时的备用电源。如果环境温度足够低，备用电源通常可以利用主变压器的过载容量（10%~30%）。主变压器在正常运行状态下的最大负载水平一般是 60%~80%。

主变压器具有多种保护，主保护是过流保护和差动保护。差动保护具有识别主变压器内部故障的功能，这些故障有接地故障、绕组故障和匝间短路等。

主变压器的高压绕组上带有一个有载分接头调节器，目的是保持低压侧的电压恒定，例如无论 110kV 电网的电压和主变压器负载如何变化，均保持低压侧电压为 20. 5kV。在农村电网中，当负载升高时，典型的补偿方式是升高低压侧的电压。这种方式可以补偿中压线路的电压降。

主变压器的底部结构中设有一个油槽和一个集油箱，用来防止其油泄漏到周边环境中。通常在单台主变压器的主变电站中，还会为另外一台主变压器保留空间。有时在主变压器的周围安装水泥板，在危急时刻可以起到防爆的作用。

中压母线是主变压器和中压馈线间的供电通道。单主变压器的母线系统可以是单母线或是带旁路母线的布局。主母线作为汇流母线，每条馈线上都装有一个断路器，并且断路器两端都设有隔离开关。在带旁路母线的母线系统中，这种组合可用旁路母线带单个隔离开关来替代。例如在断路器维修期间，由旁路断路器连接母线形成供电通道。

图 6-4 所示为一个中压双母线系统。在该系统中，馈线汇集到两个主变压器。靠近负荷中心的馈线离主变压器较近，主变压器的低压侧电压低于给农村地区供电的馈线电压。

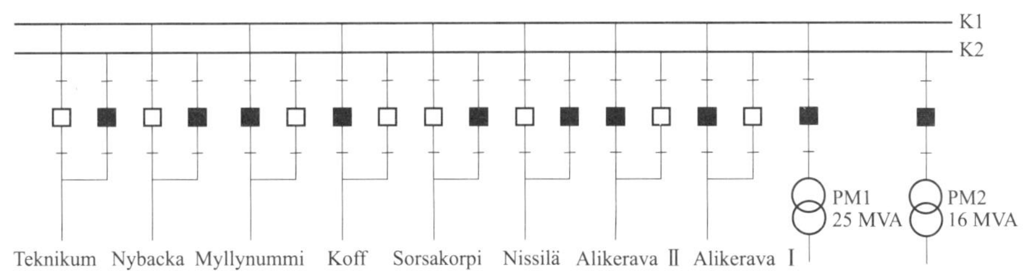

图 6-4 中压双母线系统

一般双母线系统通常可作为双重布局，采用可以在馈线单元之间移动的手推车式断路器。通过这种方式，可以大大减少断路器的数量。

所有的母线系统中，一个馈线单元通常包括一个隔离开关、一个断路器和电流互感器或继电保护和电表的传感器。在双重系统（见图 6-5）中，由移出的手推车式断路器所形成的空气间隔代替隔离开关。虽然中压馈线一般由架空线构成，但是通常由主变电站的地下电缆开始引出。继电器和电能计量所需的电压信息由母线系统获得。因此，母线除了连接有馈线单元之外，通常还有单独的电压测量单元。电缆型电流互感器测量接地故障保护所需的零序电流值。

图 6-5 20kV 双重母线系统

老式主变电站使用的少油断路器需要经常维护，而新式真空 SF_6断路器的维护周期明显较长，这种情况下，可以使用更简单的并且成本更低的母线结构。同样，在 SF_6绝缘主变电站中，通常采用单母线结构，而不采用成本更高的开放式。

在过去的几年中，主变电站建设已明显减缓。原因如下：用电量消费的增速降低了，并且可以说与主变电站相关的网络已经成熟了（起码在一定程度上），在需要新建主变电站的大多数地方都已经完成了建设。虽然成套的主变电站设备已经研发成功，但仍可以采用更合理的低成本、小型且简易的主变电站。最便宜的配置（包含一台主变压器）仅需 50 万欧元或更少。在一些区域，其电网可靠性低，但负荷水平也较低，对于主变电站投资的经济效益较低，因此可以考虑采用较低成本的主变电站。

6.2 中压网络

在芬兰，典型的中压电压等级为 20kV。中压配电网采用中性点不接地方式或中性点经消弧线圈接地方式。中压线路，也就是从主变电站引出的馈线，带有相连的断路器，并由过流保护继电器、接地故障继电器和自动重合闸继电器进行保护。在架空网络中，过流保护继电器一般不对负载电流进行保护，只对短路电流进行保护。虽然将中压配电网的某些部分建成网状结构，但运行时仍采用辐射状方式，也就是所谓的“闭环设计，开环运行”。

中压配电网连同 110kV 线路和主变电站组成一个完整的配电系统而运行。中压配电网不可能一次建成，中压配电网的发展是一个持续的过程。因此，配电网发展过程并不能仅由单一的布点实现。配电网并不是一次建成，而是一个循序渐进的过程。

对配电网的全局可靠性而言，中压配电网至关重要。因为电力用户所遭受的停电事故中，超过 90% 是由中压配电网故障引起的。中压配电网除了完成配电功能外，还可以在 110kV 线路和主变电站发生严重故障期间作为备用系统工作，因此，规划中的备用联络分析极其重要。

在农村地区，中压配电网传统上由架空线构成。除了不考虑备用联络之外，没有必要也没有机会做深入的网络拓扑结构分析或采用复杂的规划导则。负荷为点负荷，线路必须延伸到负荷所在处，需要对单条馈线的负载水平和电压降的具体情况进行具体分析。

在城区地下电缆网中，网络拓扑结构问题和规划导则尤为重要。关键问题有，地下电缆网的拓扑结构和最大负载水平，以及涉及馈线及主变电站改造的问题等。在大城市中，负荷在一个区域范围内均匀分布，形成面负荷，这为实现电力分配提供了多种可选的方案。但是，事实上配电网现状对不同的可选方案有很大程度的限制。涉及网络拓扑结构的一个关键问题是馈线改造的原则。在很多情况下，基本原则是备用电源来自同一个主变电站的馈线。在这种情况下，当邻近馈线开环点闭合时，馈线可以暂时连成环状。这种变化可以在不中断电力传输的情况下进行。如果备用电源来自邻近的主变电站，由配电变电站的隔离开关打开环状联络时，可能会引起很大的危险，因为主变电站之间可能会有容性环流流过。这个环流可能非常高，因为主变电站之间的站距很大，并且站间地下电缆的阻抗很小。例如，如果站间母线电压差为 200V 及两站之间的电缆阻抗为 0.2Ω，则环流的幅值可高达 1000A。

6.3 中压网络和主变电站的发展

配电网规划的时间跨度通常会很长，一般为几十年。一方面，需对规划过程制订出指导方针，使其可以在长时期内应用于不同实施方案；另一方面，规划过程会产生详细的具体计划，可以在短期内付诸实施。配电网发展包含各种需求，并且可以实施多种不同方案。随后，对配电网发展的各种方案进行讨论，从继电保护的设置和其他执行系统（这些看上去有小幅度的改进，但是可能对整个配电网产生显著的影响）开始，并以主变电站投资的审议结束。

主要的发展和维护功能有以下 23 项：

（1）主变电站的新建；

（2）主变电站的退役；

（3）主变压器容量的升级；

（4）中压馈线的新建；

（5）备用连接的建设；

（6）导线的更换；

（7）主变压器的更换；

（8）现有线路的更换；

（9）线路路径的改变；

（10）线路类型的改变（例如由地下电缆替代架空线）；

（11）消弧线圈的使用；

（12）升压变压器的使用；

（13）电容补偿的使用；

（14）备用电源装置（发电机）的使用；

（15）保护继电器的更换；

(16) 遥控隔离开关的建设;
(17) 配电网中柱上开关设备的安装;
(18) SCADA 和配电管理系统的运行和开发;
(19) 配电网的维护和检修，线路路径的清理;
(20) 过电压保护和动物防护的使用;
(21) 造林活动;
(22) 保护继电器设置的改变;
(23) 电网开关状态的改变。

不同的发展策略对配电网的经济性、可靠性和电压质量有着不同的影响。表 6-1 描述了某些发展策略对配网可靠性的影响。

表 6-1　各种发展策略对失效率和停电持续时间的影响

项目	持续故障次数		持续故障时间	工作中断	重合闸次数
	绝对值	次数/客户			
轻型配电变电站	–	↗↗	↗	–	↗↗
电缆（中压和低压电网）	↗↗	↗↗	–	–	↗↗
架空绝缘线	↗	↗	–	–	↗
沿路建线	↗	↗	↗	–	↗
1kV 配电	↗	↗↗	–	–	↗↗
柱上开关设备	–	↗↗	–	–	↗↗
遥控隔离开关	–	–	↗↗	–	–
备用电源联络	–	–	↗↗	↗↗	–
主控制室自动化	↗	↗	↗↗	↗	–
接地故障电流补偿	–	–	–	–	↗↗
备用电源	–	–	↗	↗↗	–
供电企业间的合作	↗	↗	↗	–	–

注　“↗↗”表示明显改善；“↗”表示轻微改善；“–”表示意义不大或没影响。

6.4　110kV 线路和主变电站选型的相关因素

6.4.1　新建主变电站

主变电站及其 110kV（或 45kV）线路建设不但投资非常高，而且对整个配电网的影响也很大。

新建主变电站将承担现有电网的一部分功率。其结果是，使得中压线路的电流减小了，同时使得损耗和电压降都下降了。某些情况下，对减少中压电网的电压降也是非常有利的。例如，如果某些地区的电压降从5%减少到1%，这可能对该地区低压电网的改造需求有显著影响。正如我们所知，低压客户的电压是由主变电站的低压侧电压以及整个馈线通道（中压线路、配电变电站及低压线路）的电压降总和所决定，由此确定了低压电网的电压水平。

电网可靠性可以随着电源点的新建得到提升，这是因为断路器下游的线路长度可随之减少。通常可靠性能够得到明显的提高，是因为在很多地方每个断路器下游的线路长度可能减小到之前的一半。因此，终端客户可以明显感觉到故障次数有所减少。由于隔离故障和切换到备用电源所需的时间略微减少了，每个故障的持续时间也略有减少。

为增加20kV电网的供电能力，通常新建主变电站是一种可选方案。新建主变电站可能由此取代了中压电网的大量投资。

新建主变电站通过多条线路连接到现有的中压电网。通常，这一部分特殊容量的电网是基于负载和短路电流水平设计的，而在新的情况下原设计不能满足要求。因此，新建主变电站会改变这部分现有电网线路的路径和导线型号。

主变电站的主变压器容量会影响中压电网各部分的短路电流。由于新建电源点的缘故，邻近电网的短路电流会有所增加。此外，现有中压电网对新建主变电站的选址也有影响。特别是当规划考虑不够全面时，短路电流水平的增加会导致中压电网的改造方案投资过高。

新建主变电站可减小电网的接地短路电流，从而节省了新建配电变电站的接地费用。此外，在新建大型主变电站具有多台主变压器的情况下，供电区域的划分要考虑到接地短路电流和容许的短路承受能力的限制。因此，现有中压电网对新建主变电站选型及其母线的设计也有所影响。

在确定主变电站的总费用时，要考虑到主变电站的征用土地及建设费用，涉及站点建筑、场地和通往主变电站的道路等。

关于主变电站建设费用的效益，可以总结说明如下：

（1）新建主变电站的优势：

1）减少线路损耗；

2）减少主变压器负载损耗；

3）减小电压降，减小低压电网改造的需求；

4）减小停电损失费用；

5）减少提高中压电网供电能力的投资费用；

6）减小接地短路电流和接地费用。

（2）新建主变电站的费用包括以下项目：

1）110kV 线路可能的投资；

2）主变电站投资；

3）20kV 联络线投资；

4）由短路承受能力需求而可能引起的 20kV 线路投资；

5）增加的主变压器空载损耗。

6.4.2 轻型 110kV 线路

在研究轻型主变电站的解决方案时，也研发了轻型 110kV 线路。这种解决方案仅限于单台且容量较小的主变电站。当主变电站容量较小，不需要传输很大的容量时，可以采用较小截面的轻型导线，并可以使用轻型电杆结构。因此，采用轻型线路给主变电站供电，也能减少轻型主变电站的短路容量。因为轻型主变电站的结构无须像传统主变电站所具有的短路承受能力，也没必要选择热稳定容量限值较高的 110kV 线路。由于小截面 110kV 线路的热稳定容量限值较低，可由线路首端的过流保护和短路保护装置作为线路保护。这种保护同时也用于轻型主变电站的高压侧保护。

轻型 110kV 线路的建设费用大概为 6 万欧元/km。因而，其投资费用比常规的 110kV 方案大约低 40%，并且只比 20kV 架空线费用高 2~3 倍。此种新型线路在 2008 年首次投入使用。图 6-6 对比了 20kV 架空线路、轻型 110kV 线路和传统 110kV 线路的架构。

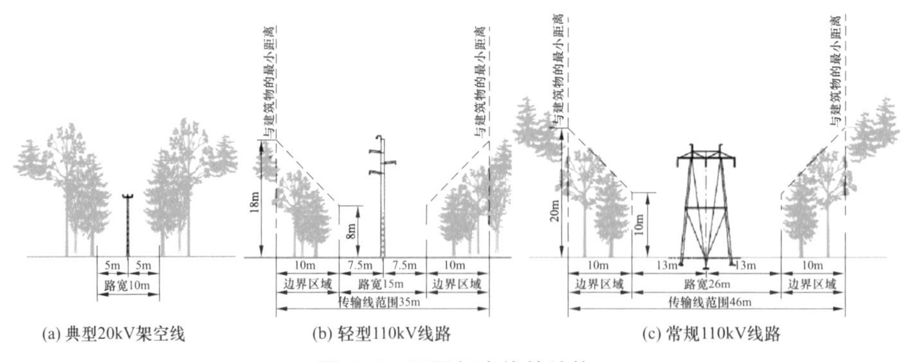

图 6-6 不同架空线的结构

6.4.3 主变电站改造

主变电站主设备的使用年限约为 40~50 年，自动化设备的使用年限明显较短，为15~30年。除了新建主变电站外，对现有主变电站进行增容和改造也是配电网发展的关键问题。

在主变电站中，主变压器是价格最高的设备，其使用年限为30~40年。主变压器的使用年限很大程度上取决于绕组绝缘的老化程度，而这又取决于主变压器负载所导致的热效应。需要对主变压器运行工况进行监测，例如可应用定期的溶解气体分析方法。通过这种基本的维护措施，可以使主变运行25~35年。然后，主变状况可由生产商打开后进行分析，并进行必要的维修。在状态分析中，核心问题是油纸绝缘的状况。通过这种基本维护，主变的使用年限可以再延长10~15年。

主变电站其他设备，如断路器、互感器和保护装置，其使用年限不仅仅取决于自身的技术条件，还取决于在维护时获得所需备用配件的可用性。当最终必须更新整个主变电站时，必须考虑新主变电站的实际需求及其未来所处的位置。在那些用电量已经下降并预计会进一步下降的地区，尤其重要的是确认主变电站的必要性。拆除一座主变电站和新建一座主变电站，两者对电网的可靠性和电气状态的影响是相反的。在规划期内，配电网及其负荷可能会改变，因此相对于主变电站和馈线的改造，更具经济性的方法是，加强中压电网的备用联络，沿线采用轻型断路器开关站或者采用遥控隔离开关站。具体情况必须具体分析。

6.5　提高容量裕度以确保事故期间的供电

有时会出现必须加强中压电网的电气技术水平的需求，通常是由于在一些严重事故（例如主变压器失效）情况下会出现供电能力不足。在这类事故期间，可能有意地利用一些设备（这些设备的基本目的不是用于电力传输），例如安装在主变电站的补偿电容器、备用发电机等，以应对电网维护和故障的情况。

很多主变电站装有补偿电容器，用来保证输电网运营商规定的无功平衡。当110kV线路或者110/20kV主变压器失效而造成20~110kV的供电中断时，这些电容器可用来增加中压电网的供电能力。

在这些事故情况下，事故主变电站的供电区域的负荷必须通过20kV电网线路切换给邻近的主变电站。在农村地区，通常导线的负载水平较低，热稳定容量限值的裕度较大，这时电压降往往成为电力传输的一个限制因素。20kV电网中的上述补偿电容器可以用于减少线路的电压降，如图6-7所示。电容器产生的无功通常会导致明显的过补偿，并且会减少馈线电压降的发生。通过补偿电容器，线路获取的额外容量并不是很高，然而哪怕获取1~2MW的额外容量，就有可能足以抵消或至少能延缓几年较高的电网投资需求。

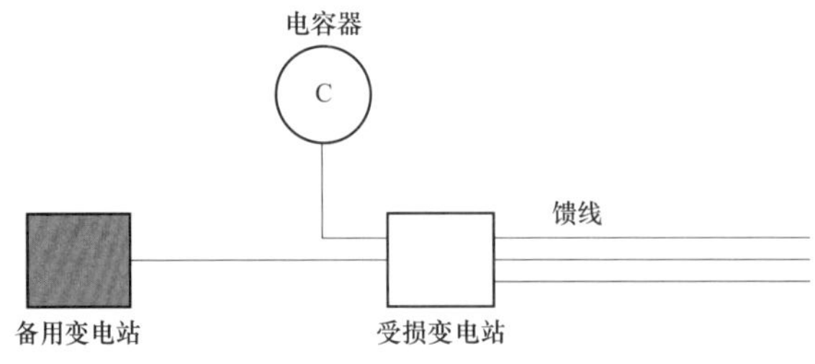

图 6-7　主变电站事故情况下补偿电容器的使用

当电压降是一个问题时，由于电容器的单位成本较为合算（2MW 电容器的价格约为 3 万欧元），过补偿是能够增加线路供电能力并具有成本效益的方法。但是，应该牢记的是，这种补偿只能增加有限的电网供电能力。

在许多国家，中压电网电容器也常用于正常运行工况。通过合理控制的补偿，可以减少中压电网的损耗，并且改善电压质量。而在芬兰，20kV 电网中很少使用电容器。

在使用补偿电容器时，应该确保不会引发与电网中的电感发生谐振的危险，或在电容器投切时不会引起过大的电压变化。已知电网短路容量 S_k 和电容器额定功率 Q_c 时，电网与电容器的谐振频率 f_{res} 可以用式（6-1）计算。

$$f_{res} \approx 50\sqrt{\frac{S_k}{Q_c}} \quad (\text{Hz}) \tag{6-1}$$

由电容器投切引起的电压变化可以用式（6-2）计算

$$\Delta U \approx \frac{Q_c}{S_k}(\%) \tag{6-2}$$

选择电容器容量时，必须使得电容器投切引起的电压变化不超过 2%，以及谐振频率不接近 50Hz 的倍数。另外，也特别需要电子设备避免造成以下频率的谐波：150、250、350、550Hz 及 650Hz。

在严重故障期间，配电企业可以充分利用备用发电机来提高 20kV 电网的供电能力。在严重故障期间，可以在主变电站或者故障区域的 20kV 线路上接入备用发电机。备用发电机的供电容量（100~1000kW）必须通过 20kV 电网传输，因此，整体而言，故障区域能获得更大的功率。但是，必须牢记，与整个电网的总功率相比，通过备用发电机获得的额外容量通常很低。但是，即使功率的小幅增加，也可能是推迟高成本的电网投资的重要因素。

类似于备用发电机，在严重故障情况下可以使用备用电池。但是，这一技术的成本仍然很高，还不适合于在配电网中实际应用。

6.6 线路的新建和更换

配电网线路的发展有几种方式：新建线路、增加线路的供电能力、更新现有线路或改变现有线路的路径或结构。在所有这些规划任务中，最基本的三个问题是：选择何种线路敷设类型（地下电缆、架空绝缘线、架空裸导线），何种导线截面及何时进行投资。

电网容量必须满足发展规划的要求，这些要求包括未来电网的扩展、备用电源的接入等，这些要求可能影响到新建电网部分的短路承受能力或电压容许限值。

一般有几个因素可能会影响到中压线路的容量选型，这通常只有一个因素是至关重要的，并且只要满足了这个关键因素通常就能满足其他的规定。有经验的规划设计人员能够根据规划任务的性质推断出哪个（或哪些）因素是决定性的，因而可以避免耗时的验证计算工作。下文将讨论影响电网线路选型的关键因素。

6.6.1 新建线路及其选型

新建线路的需求可能包括以下因素：新客户接入电网、需要提高供电能力或需要提高电网可靠性等。

从主变电站建设一条新的中压馈线，则对整个电网的电气特性和可靠性的影响因素如下：

（1）减小中压电网的电压降；

（2）减少终端客户联络点的电压降；

（3）减少中压电网的损耗；

（4）提高电网可靠性；

（5）增加电网的短路电流；

（6）增加电网的改造价值及其现值（由于电网投资）；

（7）增加电网的维护费用（由于线路长度的增加）。

中压馈线的电压降减小，使得低压电网的设备改造需求减小。断路器下游的线路长度缩短了，使得故障次数减小，从而提高了电网可靠性；进一步来说，备用联络数目的增加也提高了可靠性。

图6-8所示为一条现有馈线的示意图。图6-9为新建馈线的示例图，规划目标是在图6-9中所示的现有馈线的负荷中心新建一条馈线，将现有的8MW电力需求均匀地分布于新老馈线。

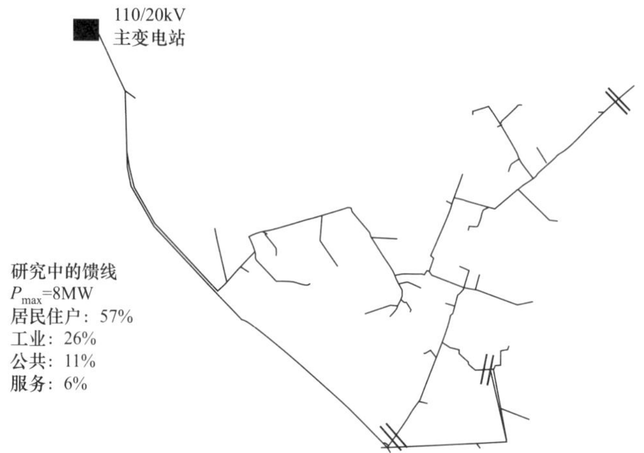

图 6-8 现有馈线示意图

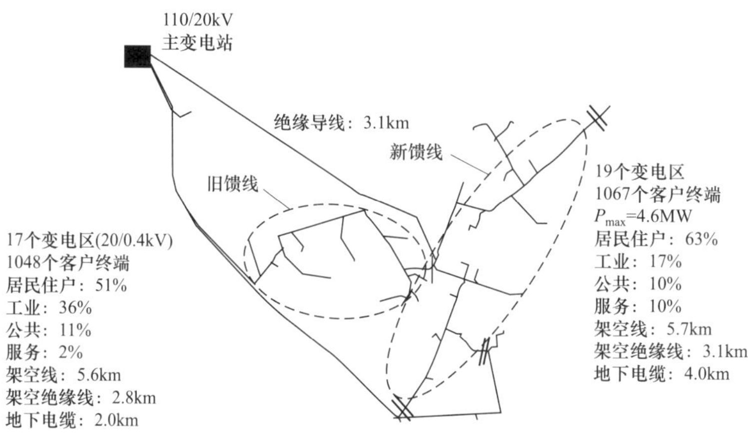

图 6-9 新建馈线示例图

新馈线的损耗节省为 1.46 万欧元/a，对该地区的停电损失费用也有显著的影响。新馈线的平均功率约为 4000kW，客户分布如图 6-8 所示。按平均功率计算，馈线的停电损失费用是 22 300 欧元/a。图 6-9 所示的地区中，有 1048 个终端客户由现有馈线供电，这些客户的平均功率大约是 2000kW（其中负荷比例为居民住户 51%，工业 36%，公共 11% 和服务 2%）。在这样的客户分布下，停电损失成本价为：故障停电 2.09 欧元/kW，快速自动重合闸 0.47 欧元/kW，延时自动重合闸 1.21 欧元/kW，而年停电损失费用为 7400 欧元/a。

新馈线的总长约为 12.8km（架空裸导线 5.7km，架空绝缘线 3.1km 和地下电缆 4km)，客户数为 1167。新馈线的平均功率为 1980kW，停电损失成本价为：

故障停电 1.55 欧元/kW，快速自动重合闸 0.33 欧元/kW，延时自动重合闸为 0.83 欧元/kW，停电损失费用为 5840 欧元/a。在新馈线建设后，总停电损失费用为 13 240 欧元/a，即比建设前少了 9060 欧元/a。

表 6-2 中列出了新馈线的总成本效益。

表 6-2　　新馈线的总成本效益　　（千欧元/a）

项　　目	费用
投资费用（使用年限 40 年，年金）	-10
节省损耗费用	15
节省停电费用	9
总节省费用	14

在计入投资、损耗和停电损失费用后，新馈线的年度节省费用为 14 千欧元/a。

6.6.1.1　新建线路的经济选型

在规划新线路时，其中一个任务是选择能够满足需求的最优导体截面。选择时可以由式（4-4）计算。表 6-3 列出了用于中压电网的导线类型的最优经济负载水平［负荷增长率 1%/a，使用年限 T=45a，利率 p=5%，损耗价格 70 欧元/(kW·a)］。

表 6-3　　20kV 中压电网架空线的最优经济负载水平

导线截面（mm^2）	投资费用（欧元/km）	电阻（Ω/km，+20℃）	负载水平 S_1（MVA）	热稳定极限容量（MVA）
钢芯铝绞线 34/6	18 000	0.848		7.3
钢芯铝绞线 54/9	19 600	0.536	1.08	9.7
铝线 132	24 100	0.219	1.81	17.1

例如，当第 1 年负载为 1.81MVA 时，截面 $132mm^2$ 的导线比较经济，虽然这个导线截面的最优负载水平还远未达到其热稳定限值容量。就热稳定限值容量而言，负载率为 1%/a 时，截面 $54/9mm^2$ 导线在其使用年限末也还可以使用。截面 $132mm^2$ 导线的最终负载比初始负载要高 56%。

6.6.1.2　各种限制因素

导线的热稳定限值容量由导线容许的最高温度决定，这取决于导线的材料、绝缘或环境因素。中压电缆的热稳定容量限值可能决定了电缆截面的选型，特别是在负荷的年利用小时数较小时。在此情况下，基于经济性选择的导线截面则可能不能充分符合该热稳定容量限值的技术要求，而且会导致导线过热。在特殊情况下（正常供电拓扑结构改变时），热稳定容量限值经常变为一个限制性的因素。暂时的和少数的情况下，容许电缆的热稳定容量限值可超出最大容量的20%。对于架空线，热稳定容量限值很少成为限制线路选型的一个因素。

整个供电路径都必须考虑电压降问题。每个客户处的电压都必须满足要求。因此，必须为一条中压线路定义明确的边界条件，必须考虑到整条馈线的情况，也必须考虑可能的备用联络。电网结构通常会使得大多数电压降发生在主干线上。

在中压架空线的情况下，电压降可能决定了导线截面的选择。对于架空线，通常电压降相对于热稳定容量限值来说是更重要的限制因素。对于常规的导线截面，当传输功率为额定热稳定容量限值时，电压降为4%的条件下，所容许的传输距离将低于3km。

图6-10和图6-11所示为在热稳定容量限值或4%电压降作为限制因素时，架空线和地下电缆可容许的负荷密度与线路长度之间的关系。根据图例计算时所用的条件，对一定的截面，架空线的电压降或地下电缆的热稳定容量限值通常决定了最大负荷密度或传输距离。此时，没有考虑经济性的因素。

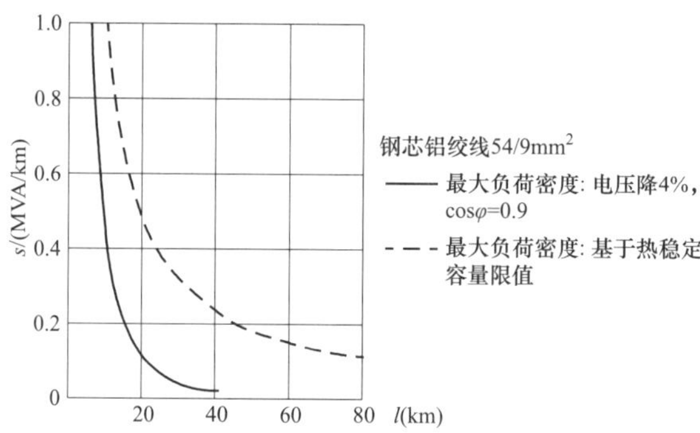

图6-10　20kV 钢芯铝绞线 54/9mm²的电压降和热稳定容量限值比较示意图

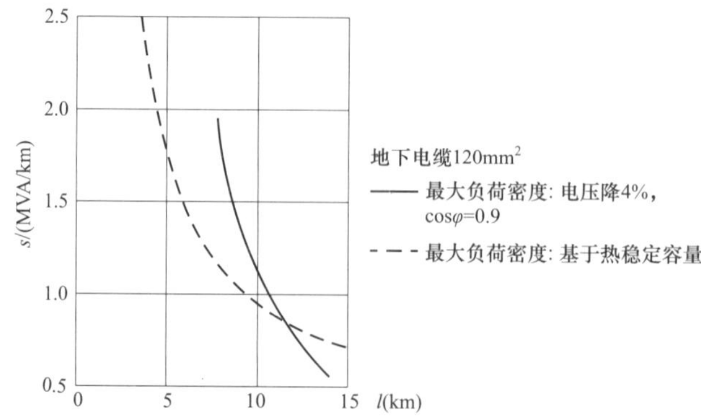

图6-11　20kV 地下电缆 120mm²的电压降和热稳定容量限值比较示意图

在校验导线短路承受能力时，必须考虑到可能的自动重合闸情况。特别是在快速自动重合闸的死区时间内，导线没有时间得到足够冷却。如果中压电网主变压器容量较大，短路电流经常成为主变电站邻近分支路选型的决定因素。短路承受能力也会影响到轻载馈线截面的选型。增强靠近主变压器的馈线可能进一步破坏中压部分，特别是分支路的短路承受能力，这是由于变压器阻抗 Z_k 的减少。

可以通过缩短设定的保护继电器的操作时间来提高短路承受能力。快速跳闸的前提条件是保护级别较少（2 个或只有 1 个）。如果在所有情况下都不需要保护的选择性，就可以缩短设定的时间。这反过来降低了可靠性，但是可能在加强电网时明显节省投资。在导线截面较大的情况下，延时自动重合将增加由短路引起的热效应问题。

通过以下例子说明影响中压线路截面选择的因素。

【算例】 在 20kV 电网中考虑地下电缆 120mm^{2}的可行范围。假设初始十年负荷增长率为 3%，且保持不变直到规划期末（40 年）。假设利率为 5%，计算电压为 20kV。地下电缆 120mm^2 的建设费用为 4.7 万欧元/km，电阻为 0.25Ω/km，电抗为 0.13Ω/km。地下电缆 185mm^2 的建设费用为 5.4 万欧元/km，电阻为 0.17Ω/km，电抗为 0.12Ω/km。电能损耗（c_h）的价格为 90 欧元/(kW・a)。

（1）经济效益。确定了最优负载水平，较大截面（185mm^2）的电缆是更具经济性的选择。用式（4-4）计算，最优负载水平为 4.25MVA。计算中折现系数设定为 27.6。

（2）热稳定容量限值。地下电缆 120mm^{2}的最大载流量为 265A。在 20kV 电压下对应于 9.2MVA 的负载，如果初始负载为最大 4.25MVA 并且负荷增长率为上述的 3%/a，负荷在规划期内不会越限。

（3）电压降。120mm^{2}铝芯电缆的电阻为 0.25Ω/km，电抗为 0.13Ω/km。以下将确定，当电压降最大为 4%时，上文所提到的最优负载水平在十年间内的传输距离。传输功率现在为

$$S_{10} = 4.25 \times (1 + 0.03)^{10}\text{MVA} = 5.7\text{MVA}$$

在功率为 5.7MVA 时，当传输距离超过 10.8km 时电压降超过了 4% 的限制。因此，在城市地区，只有在相对较长的传输距离时电压降才成为一个限制因素。

6.6.2　架空线路改造和导线更换

在芬兰，大多数配电网架空线建于 1960~1970 年，因此有大量线路的技术经济寿命已经终止或即将终止。在电网中，也有一些线路，其短路承受能力小、

损耗高，或是由于可靠性的原因处于更换的考虑之中。因此，对架空线来说，用新线路更换现有线路的改造投资是十分常见的。在更换中，需要考虑新线路的位置是否和现有线路相似。对具体情况的评估也会影响到架空线更换的范围和形式；在某些情况下，更换导线、电线杆或横担的其中之一就足够了，而有时必须更新整条线路。

6.6.2.1　基于损耗更换导线

较大的功率及电能损耗是中压线路改造的原因之一。当满足不等式（6-3）时，更换导线就是经济的。

$$C_{loss,1} - C_{loss,2} > \varepsilon \cdot C_{rep} \tag{6-3}$$

式中　$C_{loss,1}$——现有线路的下一年损耗费用；

$C_{loss,2}$——更大一号截面导线的下一年损耗费用；

C_{rep}——导线更换费用；

ε——年金系数。

利用式（6-3）可以确定最优负载水平，式（6-4）可以在导线更换时使用具体可见式（4-4）。目标是找到一个负载值（时刻），使得年度导线更换费用 C_{rep} 至少等于节省的年度损耗成本，如图 6-12 所示。

$$S_1 \geqslant U\sqrt{\frac{\varepsilon c_{rep}}{c_h(r_{A1} - r_{A2})}} \tag{6-4}$$

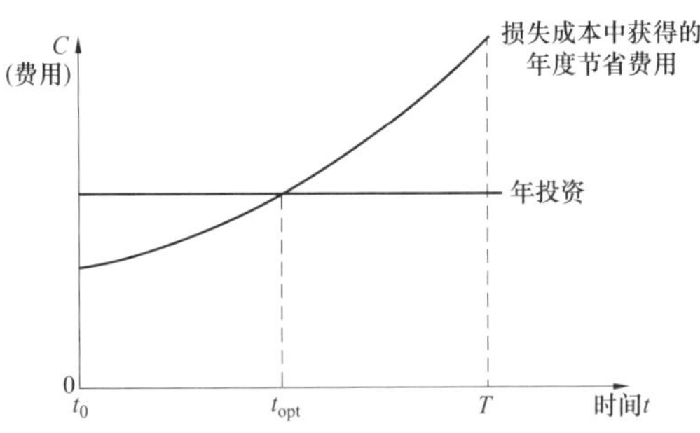

图 6-12　更换导线的最佳时机

基于寿命年限的费用，从图 6-12 中可见，较早更换导线是有益的（甚至是在较小的负荷时），但是在交点处更换是最有利的。表 6-4 列出了一些 20kV 架空线更换的最优负载水平的例子。导线更换的价格估计已经考虑了导线更换对线路结构的影响。例如，将较细的钢芯铝绞线 25/4mm² 更换为铝线 132mm² 线路时，电线杆和横担也必须加强机械强度。

表 6-4 更换 20kV 架空导线的最优负载水平
[T=45 年，p=5%，损耗价格为 70 欧元/(kW·a)]

导线（mm^2）	新导线	更换成本（欧元/km）	电阻（Ω/km，+20℃）	导线更换最优负载 S_1（MVA）	热稳定容量限值（MVA）
21/4			1.360		5.0
	34/6	6100		2.00	
	54/9	8200		1.81	
	铝线 132	16 000		2.14	
34/6			0.848		7.3
	54/9	8200		2.91	
	铝线 132	12 000		2.48	
54/9			0.536		9.7
	铝线 132	10 000		3.18	
铝线 132			0.219		17.1

关于导线更换，存在一些重要的原则：首先，在导线热稳定容量限值远未成为正常运行状态下功率传输的限制因素之前就更换导线是明智的；其次，更换稍大一号截面的导线并不划算（例如用 54/9mm^2 更换 34/6mm^2），因为节省的损耗费用和投资的费用相比不大。结果显示，如果是基于经济性而更换导线，通常用 132mm^2 导线更换 34/6mm^2 导线更具有经济性。由于轻载分支线的短路承受能力不足而更换导线，则用 54/9mm^2 导线更换自然是最经济的选择。

考虑到导线更换所采用的最优负载水平，值得注意的是，确定更换线路的准确时间点实际几乎与投资带来的任何风险无关。具有经济盈利能力的更换条件是，线路负载不会减少，单位损耗价格在更换之后也不会降低。相反的，决定新线路导线的额定功率存在一个条件，即导线负载至少根据计算中给定的负荷增长百分比增加。如果负荷增长低于预期，则投资决定可能是错的；换句话说，更小的截面可能是更经济的选择。但是，成本函数的影响相对比较小，一个可能的错误选型，不会导致过多的额外费用，除非这个错误决定导致必须在未来几年内替换更大的导线。

6.6.2.2 因线路结构而更换线路

在中压电网架空线的更新（和重构）中，应考虑森林旁的线路是否位于道路旁边。将架空线转移到道路边可以提高电网可靠性，这得力于故障的减少及故障的快速定位和维修。如果转移线路到新位置，现有配电变电站及其位置也必须重新设计。因此架空线重新选址的可能性必须作为整体的区域来对待，需要考虑利用1kV供电电压的机会（见第7章）。

当更新中压电网线路时，可能会将导线结构从架空线变为架空绝缘线或地下电缆。在很多情况下，在现有停电损失费用参数下，不存在更改导线结构的经济效益基础。在特别容易受外部扰动的地区，使用架空绝缘线也可能是一个经济合理的解决方案。

低压—中压线路的电线杆和横担的更换费用占新线路建设费用的40%~50%。

用更大截面的导线替换中压或者低压架空线是相当普遍的发展措施。更换导线的原因可能是由于电压降问题而增加供电能力，或是由于损耗过大或是导线短路容许容量不足。在更换导线时，必须确定电线杆的机械强度，使其足以应付更大截面的新导线所引起的动稳定问题。

更换导线的费用一般大概为新线路建设费用的50%。

当低压电网中用新导线替换旧的架空线时，导线结构通常也改变了，新线路可能由架空集束线或地下电缆建成。在很多情况下，一般推荐用地下电缆电网建设新线路，特别是可以用地埋方式敷设电缆的情况。除了有更好的可靠性，地下电缆的投资费用通常较其他方案更低。

除非导线结构发生了改变，否则电网的改造价值并不会因为导线的更换投资而改变。当线路电线杆更换为新的，被替换线路的使用年限已经超过其规划的使用年限，电网的现值通过新线路的单位价格而增长。如果导线在使用年限的中期被替换，电网的现值和从现值中计算而得的容许回收价值，只有通过新旧线路的现值之间的差异来得到增加。在这种情况下，投资贷款的利息开支可能不会完全包含在输配电价中，该投资将会亏损。因此，更换电网新线时，必须从经济方面出发，考虑被更换导体的使用年限和更换的范围（电线杆、导线），以及更换之后对配电企业监管方面的影响。

6.7 提高可靠性的网络结构

6.7.1 沿路建设电力线路的方式

在农村地区，大多数的线路和线路路径位于森林中。几十年前，设计方案的目标是减少电网建设投资的材料成本，通常这意味着建设笔直穿过森林的线路，从而使线路长度最小化。20世纪50~60年代是农村地区电气化的高峰时期，根据土地使用合同在森林中建设线路并不是什么困难的事情。有些地区，为使线路建在自己土地上，农民之间还存在竞争，因为这通常可以保证土地所有者获得供电连接。在那个时代，供电可靠性并不是中心问题。当时，一般认为电能质量并不取决于停电频率或其他扰动的数量，而取决于较小的电压降或足够的电压刚性。考虑到节省建设成本以及建成区附近的线路隐蔽性，都说明在森林中建设线路是合理的。不像沿着道路或在田地上的线路，在森林中的线路是非常隐蔽的。此外，由于太靠近道路的线路可能会妨碍道路的维护，因此道路的业主反对沿路建设配电线路，这使得沿路建设线路的问题困难重重。

几十年后的今天，供电可靠性在电网规划中已经成为关键的边界条件。因此，规划目标是尽可能沿着道路建设新线路，以提高可靠性和便于维护。实际情况表明，在这些线路部分，将线路转移到路旁会使故障数减半。图 6-13 描述了一种 20kV 中压电网中的典型情况。线路直接穿过森林，尽管沿路边可能有一个更隐蔽的路线。

图 6-13　农村地区典型的 20kV 中压线路路线

早在电气化初期，人们居住（负荷）在其他基础设施附近，也就是靠近道路的地方。在这种情况下，通常需要从森林中的线路到这些沿路的负荷之间建设分支线。渐渐地，负荷普遍都位于道路旁边。如今，签一份在森林中建设新线路的土地使用合同已经变得十分困难了。土地所有者不愿意在他们的私有土地上建设电力线，也不容许因为建设配电线而采伐树木。得到电力供应是理所当然的事情，但它应该是不可见的，并且电网建设不应该引起环境变化。当线路移到路边时就变为可见的了，但是这与为建设新线路而砍伐树木相比，只是一个小缺点。此外，沿着路边的配电线路通常更接近实际负荷节点。当考虑到当前的土地使用费时，沿路边建设线路不会比在森林中的建设更加昂贵，也不会导致线路的长度发生较大的变化。这个方案也很环保，因为所利用的建设路径是已经清理好的路线。

在路边，线路的路边部分已经被清理干净了，可以直接建设线路。在将线路移到路边时，要位于经常刮风的一边。

6.7.2 架空绝缘线

在中压电网中，会采用一定程度的架空绝缘线，其绝缘结构简单且便宜。如果导线短暂接触其他物体，导线表面的绝缘材料也足以防止电击穿。因此，架空绝缘线有时会支撑一棵倒下的树达数天之久。采用适当的绝缘结构，架空绝缘线各相导线之间的距离可以缩减，这样在双回线或三回线的情况下可以使用较窄的线路路径。这种导线结构的可靠性也优于架空裸导线，因为导线上的树枝和鸟类不会引起快速或延时的自动重合闸动作从而导致停电。

但是架空绝缘线不会减少由树枝或树木倾靠而造成的停电。使用架空绝缘线的情况下，树枝和树不会立即造成停电，但是引起绝缘渐渐损坏，继而引起持续停电。线路上树木倒塌或弯曲也会造成一些安全危险：基于绝缘材料的特性，倒向线路的树会导致高阻抗接地故障，而且接地保护装置很难检测到。同时，故障周围的跨步电压和接触电压可能会上升到危险的水平。

架空绝缘线的投资费用比相应的架空裸导线约高 30%。对于从主变电站引出的双回线或三回线来说，这是一个经济的可行方案，这也适用于苛刻的可靠性环境，例如有大雪风险的地区。

架空绝缘线一般安装在路边，原因之一是便于检查线路。在风暴雨雪之后需要检查线路，确保线路上没有保护装置未检测出来的残留树木。一般来说，因为绝缘物的关系，架空绝缘线在故障后很难维修。此外，很难检测到树木对绝缘材料造成的损坏，并且绝缘的损坏会在之后引起不可预料故障情况。建设在路边的架空绝缘线如图 6-14 所示。

图 6-14　建设在路边的架空绝缘线

架空绝缘线必须加以保护，防止由过电压引起的电弧，因为燃烧的电弧可能会击穿导线。为达到这个目的，研制了消弧角器作为火花间隙保护的装置。这种消弧角器将电弧引向离导线足够远的地方去燃烧，即将电弧引向绝缘子和消弧角，并进一步在相间中点燃，从而引起短路使得保护装置跳闸。根据图 6-15，消弧角器安装在绝缘子的相间。在环网中，两侧都要安装保护，或者仅在负荷处安装。消弧角器也可以安装在分支处和拉紧绝缘子处。

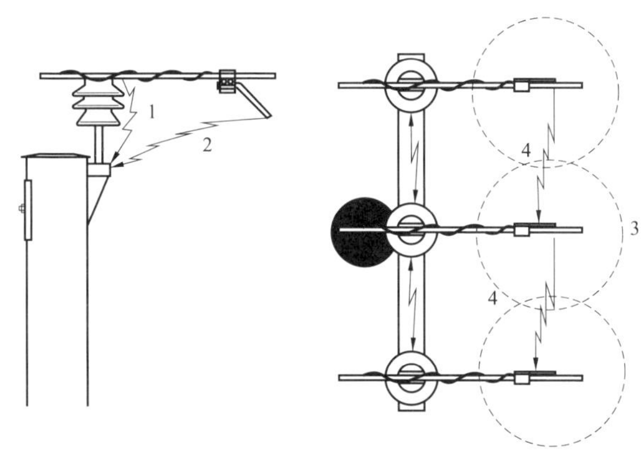

图 6-15　带有消弧角器的架空绝缘线过电压保护

1—电弧在横担和导线间被点燃；2—电弧被引向横担和消弧角之间燃烧；3—电弧使相间的空气电离；4—在相间被点燃的电弧引起短路并且触发继电器

6.7.3　地下电缆

相对于架空线，地下电缆通常可以提高可靠性。地下电缆的失效率大概为架空线的 10%～50%。然而，地下电缆电网故障的定位和维修更加困难。为中压电网选择地下电缆时，除了要考虑成本较高，还要考虑到接地故障电流的增加，以及由于地下电缆维修时间较长而需要装设备用接线。相对于架空线，地下电缆电网的适应性更差且更贵。新建中压分支线时，需要特定的开关设备——环网柜或配电变电站的分支处配电柜。在低压电网的分支处，也需要配电柜。

图 6-16 显示了农村地区的峰荷作为失效率函数的可行性研究，对中压电缆与传统架空线进行比较，计算基于 2006 年的停电损失成本价。计算中，架空线的典型失效率设为 5 次/100km/a。电缆另一个优点是在没有重合闸的情况下也能使用。农村地区中压地下电缆通过挖掘来安装，电缆线路包括所需的接头和终端。这种情况下，地下电缆 70mm^{2}的价格是 43 570 欧元/km。在计算中，使用截面为 54/9mm^{2}的架空线结构，其安装成本大概为 19 600 欧元/km。考虑到未来电

缆及敷设电缆的价格变化，画出低于电缆现行价格的可行性曲线（-10%，-15%，-20%，-30%）。其中一条曲线也考虑了配电变电站成本的差异（单杆柱上配电变电站3700欧元和卫星配电变电站17 260欧元）和可能的地下电缆接地故障电流补偿成本（2000欧元/km）。示例中的客户分布为：居民住户43%，农业7%，工业17%，公共12%，服务21%。架空线和地下电缆的故障维修时间（故障隔离时间）为1h。架空线工作停电时间为3h，而地下电缆为4h。

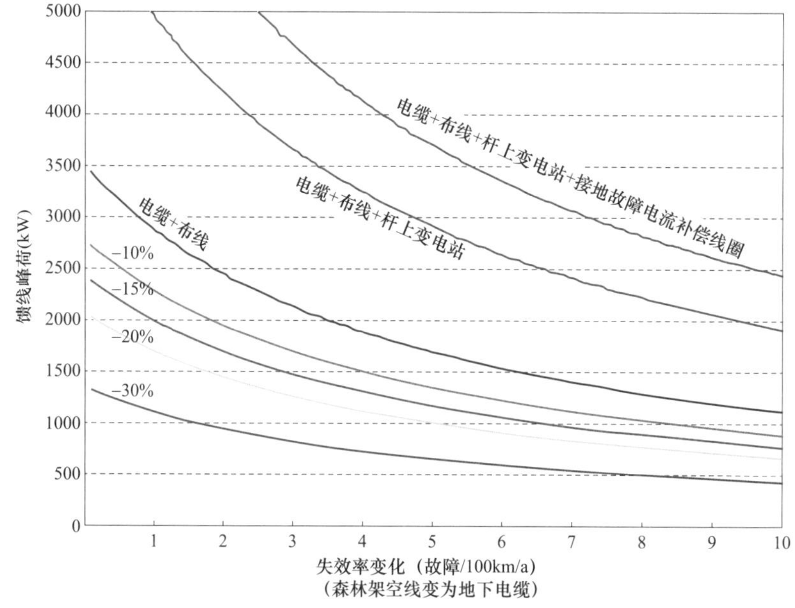

图6-16 某中压电缆馈线的停电损失成本价的可行性研究

考虑这种情况，在森林中容易发生架空线故障的地方用地下电缆替换，从而将减少持续故障的次数，例如从8次/100km/a降为1次/100km/a，失效率的变化为7次/100km/a。如果峰荷设为2MW，在不考虑配电变电站的附加成本情况下进行对比，此时地下电缆的总成本低于架空线的情况；如果峰荷设为1MW，则架空线的总成本低于地下电缆。

如图6-16所示，停电损失成本价会明显地影响到地下电缆的经济可行性。由于经济监管的停电损失成本价在未来可能发生较大的变化，和这一参数有关的决策总是含有由监管引起的重大财务风险。

关于地下电缆的选择，选择中压地下电缆的一条基本原则可以是：在城市中心地区或中压馈线负载主要由工业和服务客户组成且峰荷在2MW以上。

越来越高的环保要求，电缆制造与地埋方法的发展，增加使用年限的费用下降，各种因素将促进地下电缆的发展，也包括芬兰的农村地区。在其他西欧国家也已见到这种趋势，在瑞士这种进程已经开展了。

电缆所具有的良好可靠性在恶劣的气候期间就更突出了。一般为了防止由恶劣天气条件引起的架空电网大范围和长时间的停电，将架空线改为地下电缆几乎是唯一的方法。然而，地下电缆的高昂价格限制了在电网建设中大规模的使用。中压电缆的建设费用特别昂贵，如今，中压地下电缆主要通过挖掘技术来安装，而中压电缆本身的价格明显要比低压电缆贵。因此，广泛使用地下电缆的先决条件是，低成本敷设方法的开发和应用。可以通过改用电缆结构、用低压电缆代替中压电缆（利用 1kV 和直流技术）以及发展地埋技术等方式来节省开支。

6.7.4　过电压保护

在中压电网中，过电压保护通常用于配电变电站、电缆和架空绝缘线的保护。目前，过电压保护一般采用不同种类的火花间隙和金属氧化物避雷器。架空绝缘线和小型变压器传统上由火花间隙保护，电缆和大型的变压器采用金属氧化物避雷器保护。市场上有一种新型保护，实际上为组合型保护（限流保护），是火花间隙保护和金属氧化物避雷器保护的组合。

过电压保护的目的是切掉雷击过电压的峰值，从而使得电压水平低于被保护设备的承受水平。正确选择保护设备及其安装地点就可以达到这个目标。通过使用快速自动重合闸和金属氧化物避雷器或组合的保护设计，可以减少电压暂降，这样过电压保护可以用来提高配电网的电能质量。当然，有效的过电压保护也可以减少对设备的损坏。

当 20/0.4kV 配电变电站额定功率为 200kVA 或以上时，通常采用金属氧化物避雷器保护。较小的变压器通常采用火花间隙保护。火花间隙保护的优点是价格便宜，而缺点是保护会引起重合闸动作。对于小型变压器，也可以使用由火花间隙和金属氧化物保护串联而成的组合型限流保护装置。

组合型过电压保护的工作原理是，当火花间隙被过电压点燃时，与其串联的金属氧化物避雷器也可以变为导通并将过电压释放到大地。因为有火花间隙，在正常状态下电流不能通过金属氧化物而泄漏，而当保护被激活时，金属氧化物部分可以防止 50Hz 电流通过保护装置，从而可避免接地故障引起的自动重合闸。组合型保护的一个缺点是在陡峭的浪涌电压下闪络电压等级较高，因此，被保护的变压器必须经过截波冲击电压波的测试。图 6-17 说明了组合型保护的配置及其在变压器盖上的安装位置。

在很多配电企业，所有 200kVA 以下的新建配电变电站都推荐使用组合型保

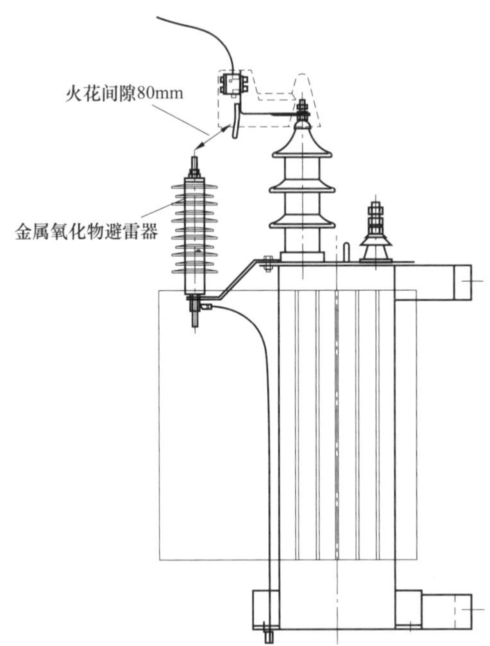

图 6-17　变压器盖上多个过电压保护的安置图（来源：KSOY 结构图）

护。在低于 200kVA 的老配电变电站中，这种保护可以作为其他维护工作的一部分进行安装。采用这种保护可以减少自动重合闸和电压暂降的次数，因此提高电能质量，也可以减少由气候过电压引起的变压器失效。

在配电变电站安装动物保护装置也是明智的。这些措施可以防止鸟类、松鼠等动物接触变压器的带电部分。

6.8　遥控开关设备和其他电网自动化装置

在中压电网中，常见各种遥控开关设备，主要是隔离开关。遥控隔离开关可以缩短客户的故障停电时间，但是停电次数不受其影响。手动隔离开关一般需要数十分钟，主要取决于隔离开关和维修人员的距离及维修人员的熟练程度。有了遥控功能，系统可以在数分钟内完成操控，特别是隔离故障点及切换到备用连接所需的时间都大大缩短了。相对于中压馈线故障初始状态下的全部停电客户，隔离故障后的停电客户数量通常会下降一定比例。

遥控隔离开关站通常不会增加电网的供电能力。但是远程控制却能间接地增强电网的供电能力，因为在严重故障时，远程控制可以迅速利用复杂的备用供电回路。这样就能充分利用电网容量，从而降低投资。

遥控隔离开关站包括一个隔离开关设备、一个控制手柄、一个受监视弹簧、电子控制设备、无线电设备和天线。远程控制通常安装在重要的分支处和与邻近馈线的边界处。在单个隔离开关站，通常包含 2~4 个受控隔离开关。遥控隔离开关站（含 2 个隔离开关）的价格约为 16 000 欧元。

在中压馈线上，可以使用带继电保护装置的柱上遥控开关设备（断路器），减少故障的次数和持续时间。其获得的收益取决于断路器端下游的长度（故障次数）和自动重合闸上游的客户组数量及类型。重合器下游故障不会导致其上游客户组停电。图 6-18 显示了柱上重合器的可能位置。柱上开关设备和配套继电保护设备价格约为 28 000 欧元。

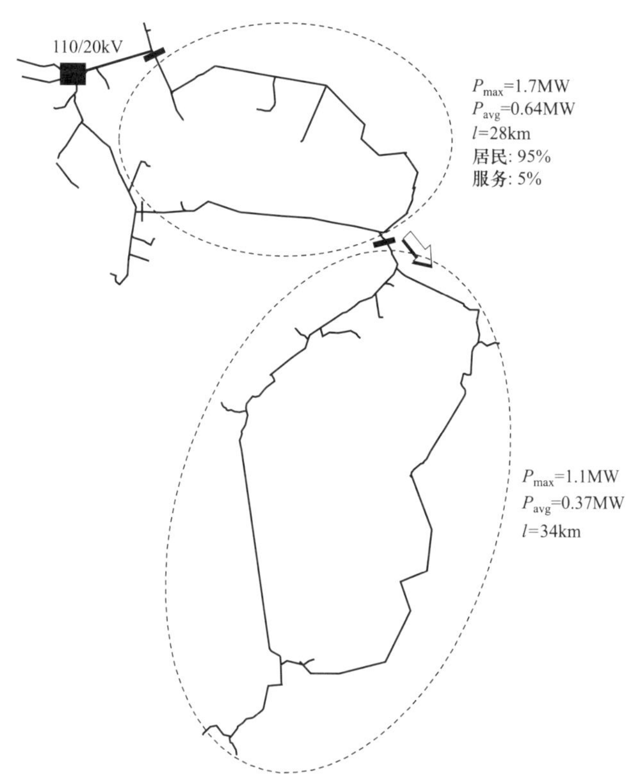

图 6-18　中压馈线上柱上重合器的可行位置

估算重合器的效益时，需要考虑由于图 6-18 所示故障影响地区的减少而会减少的停电损失费用。通过合理设置重合闸的动作时间，馈线末端故障时首端不会出现自动重合闸。为计算停电损失费用，首先要弄清重合闸上游供电区的客户分布和平均功率。

【算例】 馈线初始线段的客户包括居民住户（95%）和服务业用户（5%），平均功率为640kW。

投资的年金费用可以由式（3-19）计算得到（$p=5\%$，$T=35$a），约为1710欧元/a（投资额28 000欧元）。

在本例中，节约的持续故障停电损失费用是479欧元/a，快速自动重合闸的费用为886欧元/a，延时自动重合闸的费用为451欧元/a，合计1816欧元/a。重合器使用年限内（35年）节省的成本现值为39 000欧元。因而使用柱上重合器具有经济合理性，主要的收益来自于重合闸后所减少的停电损失费用。

通过利用配电管理系统的功能，可以在很多方面提高电网的可靠性和充分利用电网的供电能力。通过客户支持系统的计算功能，能够在故障发生时快速、准确地确定启用备用连接的可能性，从而满足电网保护和电压质量的要求。带有遥控隔离开关站一起计算，能够实现对电网供电能力的充分利用，从长远来看，这将减少电网投资。

利用配电管理系统的故障定位功能，可以加快对电网故障的检测和隔离。有效的故障定位，需要基于处理器的继电保护装置来计算和记录故障电流的信息，并向控制室的客户支持系统发送信息。继电保护装置至少应该应用于主变电站的主要供电系统。在电网中，也可以采用远程或当地的故障传感器。当故障电流通过线路时，故障传感器就会启动。如果故障传感器的运行数据可以通过远程读取系统传送给主控制室，则接地故障情况下也可以迅速定位故障点。

一些配电企业，通过采用故障传感器、能够测量故障电流的继电保护装置，以及运行控制和用户支持系统，遥控隔离开关站，极大地降低了配电网故障对客户造成的不便。

6.9 与其他机构的协调

配电网的大部分故障是由树木依靠或倒在架空线上引起的。通过定期清理线路路径，去除延伸到线路路径上的树枝及可能有“危险”的树，可以明显地降低故障次数。特别是年幼的树木和其他落叶乔木构成的风险，当树上有雪时会弯向架空线。在清理生长到供电路径上的树枝时，事实证明直升机为最有效的办法。在该方法中，直升机下悬挂一个长链锯清理线路路径的边缘。这个方法确保树木在积雪堆压下会弯向或倒向远离线路路径和电力线的方向。

与当地林业社团的合作也可以是有效的方法，尤其是在种树地区减少所造成的故障。当电力线路附近没有树苗时，可以防止由树木倒下引起的停电。与森林采伐企业的合作也是可取的。大多数机械化伐木作业是由森林采伐企业完成的，在灰暗环境中作业时，树木倒在电力线路上的风险尤其大。

在人口中心区，地下电缆的损坏大多数是由于机械挖掘引起的。如果挖掘企业实施土木工程之前联系和咨询配电企业，可以减少工程损坏电缆的事故可能性。这样，也会减少损坏的电缆数量。

像之前所说的，一些长期的电网发展措施不仅仅限于线路和电缆的发展或配电企业的组织管理，而且与其他利益集团的合作也是电网运营战略发展的重要组成部分。

6.10　改变执行装置的设定参数

中压电网的大部分建成网状结构，但是其运行却是辐射状的。为达到这个目的，每个环网中有一个隔离开关处于常开状态。可以通过手动和遥控改变隔离开关的状态。关于中压电网开关状态，目标是确定开关状态使得电网在正常运行状态下损耗最小、电压合格和可靠性最优。实际上，这意味着在易受干扰的农村长距离供电馈线末端，没有敏感的工业负荷。

如果中压电网中有导线不能承受短路电流，首要任务是检查是否可以通过缩短保护继电器的动作时间而取得足够的短路容许容量。有了基于微处理器的继电器，有可能设定更短的延时时间并保证保护选择性。特别是在未来几年无论如何都必须更换保护继电器的情况下，这可能是确保线路的短路容许容量最具成本效益的方法。

低压配电网发展规划

7.1 配电变电站（中压/低压）

在给低压电网供电的配电变电站中，较高一级的电压（在芬兰为20kV）通常被转换为0.4kV等级的电压。新区通电或老网改造时，就需要新建配电变电站。配电变电站的成本主要取决于配电变电站类型。城市地区的配电变电站，由于其更大的容量规格和更严格的环保要求，通常比农村地区的配电变电站昂贵很多。

配电变电站安装有低压电网的短路电流保护和过负荷保护。在芬兰，所有低压线路都装有熔断器。通过新建配电变电站以实现电网改造，其原因通常是低压电网的电压降过大，或与熔断器断流值相比，短路电流过低，而后一种情况不能满足自动重合闸的相关规定。一种解决方案是用更粗的导线替换低压线路。

配电变电站由一条中压母线、一个或几个配电变压器以及低压线路组成，可能还有辅助的电压控制系统。农村地区的架空线电网使用柱上配电变电站。在这些配电变电站中，中压线路通常通过隔离开关连接到配电变压器的高压侧端子。实际上，这里不能称为中压母线。配电变电站中的一个常见设备是过电压保护装置，传统上采用火花间隙保护。金属氧化避雷器更贵但更有效，因为可以减少电压暂降的发生率。柱上配电变电站适用于小型变压器（最大315kVA），配电变压器的典型额定功率是50kVA和100kVA。

图7-1 箱式配电变电站

在城市电网中，配电变电站通常是中压电缆环网的一部分。中压馈线上装有断路器或负荷开关。常见的有箱式配电变电站（见图7-1）或地下配电变电站。中压开关设备也可以是SF_6绝缘的。配电变压器额定功率通常不超过1000kVA。

在地下电缆电网中，也有通过辐射状线路供电的卫星状小型配电变电站。

这种配电变电站结构简单，一般装有单台300kVA配电变压器。通过便利的肘型接头与中压电网连接，而开关设备位于为该支路供电的上游主变电站。在负荷增加较快的负荷密集建成区内，可以适当地采用这种小型配电变电站。这样的解决方案越来越受欢迎，例如在瑞典农村地区的地下电缆电网中。

7.2 低压网络

通过比较不同电压等级的电网，可以发现明显的相似点。中压电网（20kV或10kV）和低压电网（0.4kV）通常都是辐射状运行的。因此，电网中通常只有一个电源点。一般来说，中压电网的电源点是110/20kV主变电站，低压电网的电源点是20/0.4kV配电变电站。在中压电网中，负荷是由配电变电站或额定电压为中压电压的电气设备所构成；在低压电网中，负荷是低压电器。建设一座新的110/20kV主变电站时，一般对应着中压电网的配电区域划分，很容易发现中压/低压配电变电站具有其相似性。电网的相似性使得电网选择原则和保护原则也相似。

如果两个电网的额定电压之比是50，那么使用相同截面的导线，在相同的传输距离下，较高电压电网的传输功率是较低电压电网的50倍，而电压降（以伏特为单位）处于相同水平。如果两个电网容许的电压降百分比相同，那么，较高电压电网的传输功率是较低电压电网的2500倍，或者是传输距离为后者的50倍时其传输功率也为后者的50倍。如果20kV线路和0.4kV线路的截面相同，当线路损耗相等时，其传输功率之比为2500倍。一般来说，在给定时间内，中压线路输送的电能明显高于低压线路输送的电能，所以为减少停电损失所做安排的成本也肯定低于低压电网的情况。

中性点接地方式会影响到电网的保护方式。低压电网常采用中性点接地系统，中压电网一般采用中性点不接地方式或经消弧线圈接地方式。

地区不同，负荷密度差别也大。在城市地区，低压负荷的平均负荷密度可以达到每平方千米兆瓦级，而在农村地区，负荷密度最多为每平方千米几十千瓦。这是为什么不同地区的经济配网方案如此不同的一部分原因。在人口密集的中心区，低压电缆一般传送功率达数百千瓦。在农村地区，架空集束线从16kVA配电变压器传输的平均功率低于1kW是常见的事情。在早期的通电地区，架空线传输低功率甚至达一两千米之远。因此，为了保证电网的合理性和功能性，即使在相同电压等级下，电网的实现和功能也可能有一定程度的不同，其结构和保护也因此不同。电网之间的差异是由不同因素引起的，例如停电损失成本价的不同，选择的实施时机不同，以及短路电流和运行条件的不同等。

人体与低压设备之间的安全距离小于与高压设备之间的安全距离。另外，由于低压电器非常常见，人体及可燃物经常不可避免地接近低压线路和设备。因此，虽然低压电网的停电损失费用并不高，但其保护设置必须严格要求。

同样，根据事故统计，低压电网是接触电压的最重要来源。例如，在芬兰最致命的电力事故中，超过60%的案例是由低压电网触电引起的。因此，按照低压设备标准安装防止直接接触和间接接触的装置，是非常重要的。

7.3 配电变电站和网络结构选型的相关因素

在城市中心和其他人口密集地区，空间利用率因素对配电网规划有很大的影响。配电变电站（20/0.4kV 或 10/0.4kV）可以安置在建筑物地下室，或者在未建成区（在城市中是相当少见的）。在后者情况下，一般安装箱式配电变电站，并需与环境相融合。在人口中心区，没有空间可以布置架空集束线，或是由于其景观因素而被禁止架设。在这种情况，地下电缆是唯一的替代方案。

在农村地区，柱上配电变电站和架空集束线的低压电网是常规的解决方案。然而，在可以通过地埋方式安置电缆的情况下，地下电缆变的越来越普遍。地下电缆的价格相比于架空集束线并没有显得非常贵，并且地埋方式通常比安装电线杆更便宜。如今，可以说地下电缆电网的成本明显低于架空集束线电网。

土壤特性对电缆地埋的可能性有所限制。不过，除了在非常多石头和岩石的地方，地埋电缆无处不在。通常，最适合地埋电缆的地方是路边和路床。地埋的速度取决于具体地区情况，然而，一天最多可达几千米。图 7-2 所示为在砂石路中地埋一条通向夏季别墅的低压电缆。

地下电缆电网的总长度比架空集束线电网稍微长一些，这是因为地下电缆安装在路边或田边，而不是取电线杆档距的直线路径。另一方面，在土地使用权谈判中通常更容易达成一致。相比于架空集束线电网，地下电缆电网应对各种变化和扩展时，其灵活性较差。由于其电网改造费用相当昂贵，基于长期预测（例如25年）来选择地下电缆电网的额定功率是可取的。在中心地区建设地下低压主网时，推荐使用相同截面的电缆，如果需要的话可以使用并行电缆。如果电缆在其使用年限内处于不断变化的环境中（有时十分明显），比较容易对这种电网补救。即使存在很多无法预计的变化的情况下，架空集束线电网仍然是优选的解决方案。

地下电缆电网的一个明显优势是免遭恶劣气候的影响，甚至严重风暴也不能引起低压电网故障。对于电力用户，在严重停电事故期间低压电网发生故障会是很大的问题。在停电的开始阶段，企业会努力修复中压电网的故障，而低压电网

图 7-2 地埋一条低压电缆

故障会位于维修单的最后。因此，低压线路即使发生一个可以很快修好的小故障，也可能导致个别终端客户长时间停电。采用地下电缆，可以大大减少这种不利情况。

在架空集束线电网中，客户通常直接从主干线引出分支线而实现连接，没有中间熔断器。在电缆电网中，用户连接处和分支处通常装有熔断器，这增加了电网的成本。

7.4 网络布局及其对运行的影响

在人口中心，低压电网十分密集，相邻供电区的电网彼此靠近甚至重叠。在供电区的边界上，经常有些地方具有这样的特性：两个供电区的供电成本几乎相等。在这种区域，由不同配电变电站供电的低压电网通常作为组合方式来建造。另外，在这种情况下，辐射状分支线间的联络线建设也可以很经济，因为其距离通常较短而负荷密度高。上述提到的措施除了可以提高可靠性外，通过建设足够容量的低压连接，使得在配电变电站故障期间可以由相邻供电区供电，这种方式也是很经济的。

在农村地区，不同低压电网的供电区之间常常会有大片无人区。供电区内的客户很少，线路上的扰动一般只影响了一个或几个客户。这种情况下，采用环状低压电网来提高可靠性就不合经济性了，更别说在供电区之间建设联络开关了。

通常，最经济的电网布局是由主干线辐射出分支线的方式，如图 7-3 所示。

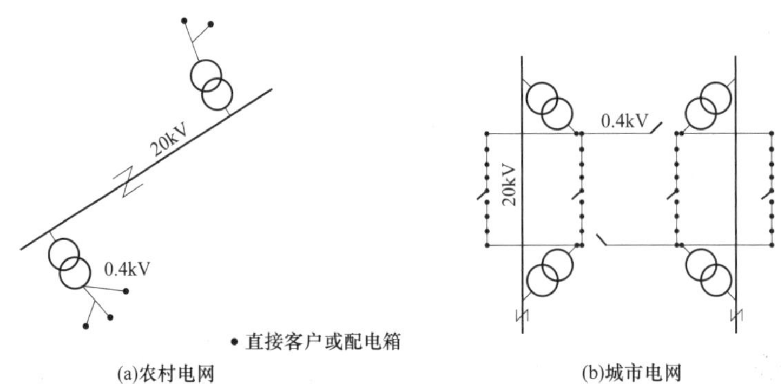

图 7-3　典型的供电方式

在这种布局中，特殊的客户可能会有一些变化。例如，如果客户的负荷设备是大功率的焊接装置，可能会引起负荷突然变化，应该由配电变电站单独引出线路给这种客户供电。通过这种方式，可以减小其他客户的电压波动。给较高优先级客户供电的配电变电站，可以由两个不同主变电站的馈线来供电，以确保可靠性。当然，这种特殊布局会影响客户的输电费。

7.5　保护

大多数电气设备被设计为在低压电网运行。因此，配电网的这部分最靠近终端客户。因为工作电压确定为230V，接触电压对人体和动物是有害的，低压电网和设备必须被有效地保护起来，防止由电流泄漏而造成的伤害和事故。另一方面，因为是由单回低压线路传输功率，从而停电损失费用也通常明显低于高压线路。因此，为提高可靠性而使用像20kV系统中那样有效且昂贵的保护设备是不合算的。电网和设备（这是保护的目的所在）保护的选择应该同时满足技术性和经济性。

熔断器是低压电网最常见的短路电流保护装置，安装在配电变电站每一馈线的各相导线上。熔断器的选择要求是能够承受负荷电流，同时在电网末端发生单相短路时能快速熔断。如果这两个相反的要求不能同时得到满足，则需选择更大截面的导线，或在线路上添加中间熔断器。如图7-4所示，其中间熔断器b的额定电流低于配电变电站的馈

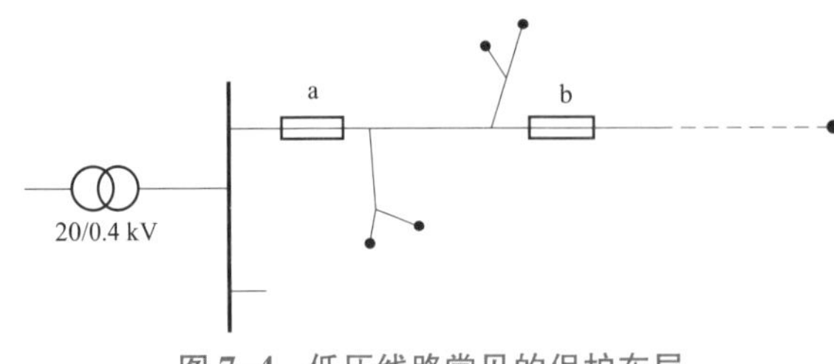

图 7-4　低压线路常见的保护布局

线熔断器 a 的额定电流。

7.6 选型原则

低压电网的典型规划任务包括新客户连接到电网、新区通电和改造现有电网的性能等。与中压电网不同，低压电网规划的重点是由配电变压器供电区域的大部分范围。因此，规划不仅仅为导线选型，还需要比较电网布局的不同方案。

在 6.6 节中提出的大部分原则也适用于低压电网选择。但是，安全规程的侧重点和细节有所不同。导线选型的导则是尽可能使投资费用及运营费用最小化，这两者同样重要。此外，必须保证导线符合所在位置设定的技术性要求。这些限制条件包括热稳定容量限值、电压降、短路承受能力以及自动快速切断电源的保护所规定的实施要求等。图 7-5 和图 7-6 显示了不同的架空集束线和地下电缆各自的电工技术范围。

图 7-5 为 100kVA 配电变压器快速切断电源的最大距离计算值。导线截面为 25~120mm^{2}架空集束线。

图 7-6 所示为截面为 25~95mm^{2}地下电缆加上一台 315kVA 配电变压器以及截面为 150 ~185mm^{2}地下电缆加上一台 500kVA 配电变压器时，计算满足快速切断电源的最大距离。

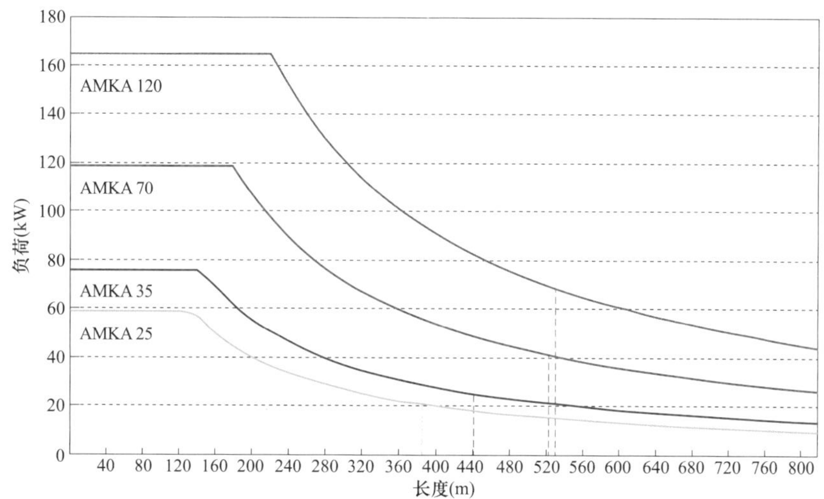

图 7-5 电压降容许值为 7%时的架空集束线的经济技术范围

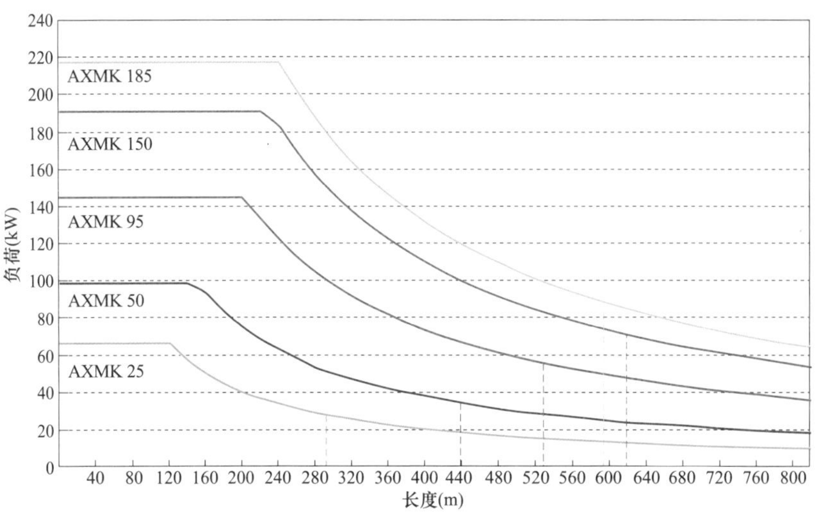

图 7-6　电压降容许值为 7%时的地下电缆的经济技术范围

导线的载流量决定了水平轴限制。为一条新线路选型时，最好选择大一号截面的导线，其热稳定容量限值远大于较小截面导线。例如，架空集束线 35mm^{2}的热极限大概是 75kW，架空集束线 35mm^{2}和架空集束线 70mm^2（负荷增长为 0%）的第一年经济负载限值大概差 40kW。

导线的垂直限制来自于快速切断电源的要求，由表 7-1 可以得到快速切断电源的最小短路电流。可以通过式（8-14）计算短路电流，因此，导线存在着一个最大长度的限制，在此之后单相短路电流会变的太小而不能使熔断器快速熔断。当然，可以使用更小的保险丝以增加线路的长度。在图 7-5 中，架空集束线 70mm^{2}和架空集束线 120mm^{2}的最大长度限制非常接近。

根据芬兰标准，在配电网的接触电压保护中，自动切除电源的最长时间为 5s。表 7-1 列出了当熔断器作为过流保护时的最大容量。

表 7-1　　基于最小短路电流选择熔断器作为配电网接触电压保护

过　流　保　护	最小单相短路电流
gG 型熔断器 $I_N \leqslant 63A$	$2.5I_N$
gG 型熔断器 $I_N > 63A$	$3.0I_N$

gG 类型是指拟将熔断器作为导线的过电流和短路保护使用。

如果短路故障没有被上述方法清除，配电网必须在短路时不会引起危险的电压。这个可以通过辅助的等电位连接或通过 PEN 导线选型来实现，使得短路时的对地电压不会超过 75V。

图 7-5 中的曲线段是作为电压降限值函数的传输距离上限。低压电网中无功功率对电压降的影响较小，这是因为架空集束线和地下电缆的低电抗原因，而配电变电站电压降受其严重影响。

由于熔断器更大，带有最大容许熔断器的地下电缆的传输距离比架空集束线稍短。容许的熔断器容量由表 8-8 和表 8-9 中给出。

7.6.1 导线经济使用范围

可以通过式（4-3）计算低压导线的经济负载范围。对于导线的经济范围，图 7-7 显示了架空集束线和地下电缆的负载限值曲线。曲线是根据一个实际配电企业的参数计算而得，计算时假定在导线的整个使用年限内其负载以恒定的百分比增长。其中损耗价格为 35 欧元/(kW · a)。

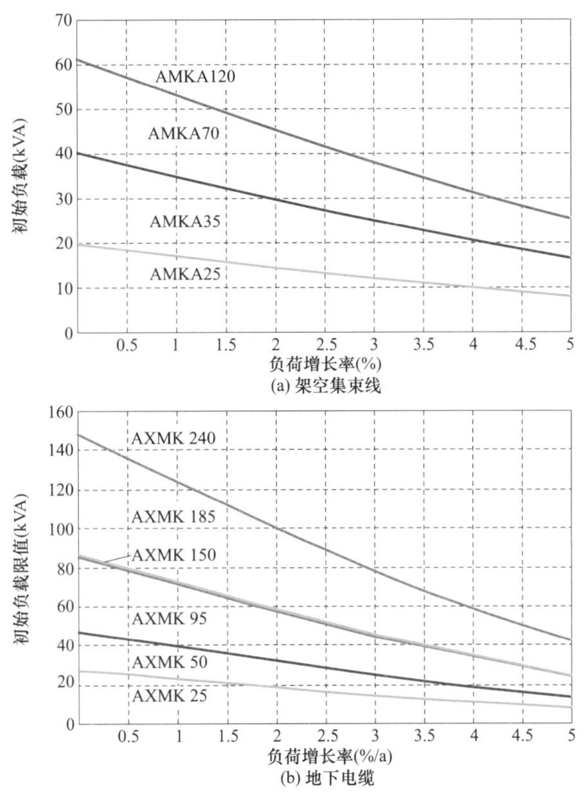

图 7-7 架空集束线和地下电缆的负载限值曲线

负载限值曲线表明，有可能为所有架空集束线截面找到明确的使用范围，而对于地下电缆，截面为150mm²的使用范围在实际中不存在（当用这些初始数据计算时），因此，使用这个截面的导线不具有经济合理性。

7.6.2 导线选型示例

我们的任务是为图7-8中配电变电站的一条馈线进行导线选型，使得导线以最小总费用满足技术边界条件。该农村地区由架空集束线实现电气化，由一个100kVA配电变压器供电。电网的使用年限为35年，并且预期在使用年限内负荷增长率为1%/a。

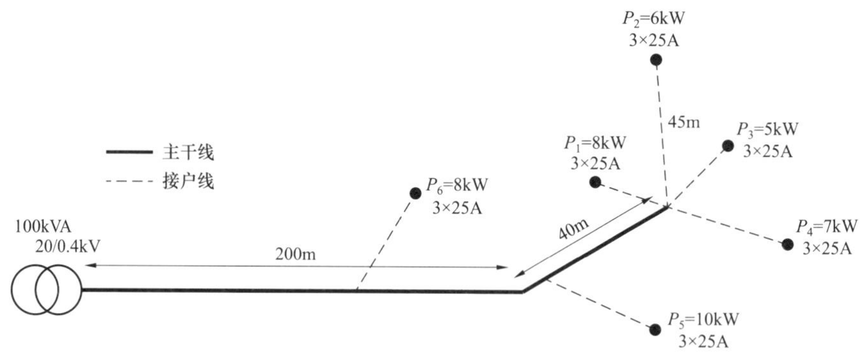

图7-8 供电区内客户的负荷和熔断器容量

首先，选择适合主干线200m长线路段的导线。低压馈线的初始负载46.3kVA及其功率因数为 $\cos\varphi=0.95$。根据图7-7，负荷增长率为1%/a，负载在架空集束线70mm²的范围内。导线使用年限末的负载为 $46.3\text{kVA}\times1.01^{35}=65.6\text{kVA}$，这对于200m的架空集束线70mm²意味着4.2%的电压降。考虑快速切断电源的需求时，配带一个160A熔断器。此时，根据图7-5带有额定功率100kVA配电变压器时，架空集束线70mm²的最大容许传输距离为493m。

其次，我们必须为长40m的主干线部分选择导线截面。线路供电端的初始负载为37.9kVA，接收端为27.4kVA。由图7-7的曲线可见，可以为供电端找到架空集束线70mm²的截面，并为接收端（40m）找到架空集束线35mm²。在实际中，整条线路都选择架空集束线70mm²，即配电变电站开始的200m主干线同样的导线。这样，可以避免导线和电缆接头耗时的更换。

架空集束线25mm²或四芯电缆25/16mm²都可以选作连接客户的接户线。在使用架空集束线25mm²时，连接点2的电压水平在规划期末时最差，大概为220V，从而电压降并不构成问题。由于距离短及负载低，也可以使用较小截面的导线，但是事实上不常用小截面导线。另外，在短路承受能力中，小截面导线很容易引起问题，使得中间熔断器的数量增加。

7.7 1kV 配电系统

在芬兰，已经在人烟稀少的森林和湖泊地区开发了 1kV 低压电压等级的技术。利用这一技术，可以通过成本效益的方式，使得易发生故障的轻载中压分支线改为在 1kV 低压等级下运行。这可以明显减小故障的次数和影响范围，因为使用 1kV 技术的每一条线路具有自己的保护区，从而线路上的故障不会影响到同一中压供电馈线上的其他客户。1kV 系统的好处还包括可以使用更可靠的架空集束线来代替现有的架空线结构。在传统的 400V 低压电网中，客户和配电变电站之间的最大距离通常小于 1km，通过 1kV 技术可以为 1～5km 远的客户供电。1kV 线路作为 20kV 线路的替代方案，其典型的经济技术指标是传送功率低于 60kW，传送距离为 1～5km；在地下电缆电网中，传送功率低于 100kW，传送距离为 1～5km。图 7-9 为替代方案的示意图。

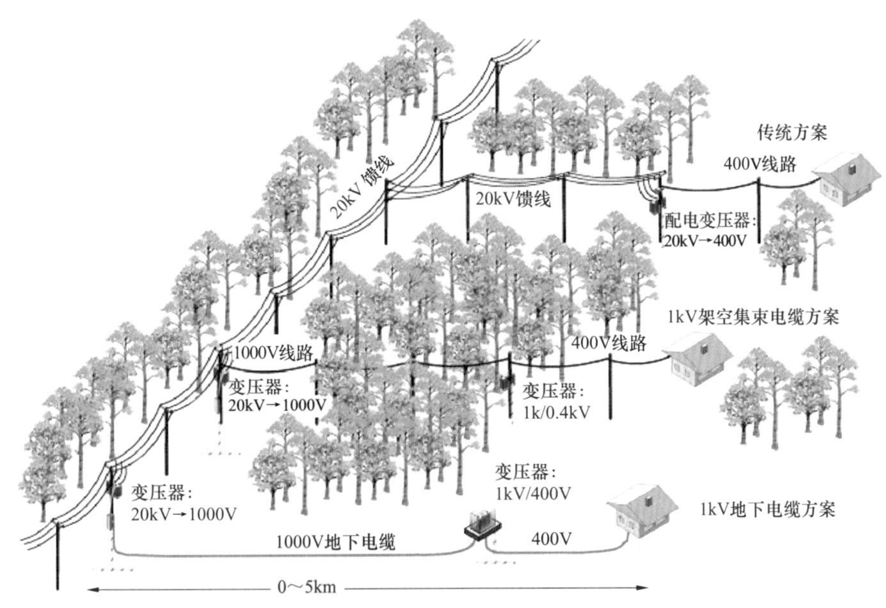

图 7-9 1kV 技术作为轻载 20kV 中压分支线的替代方案示意图

在新建项目中，对于那些可以通过 1kV 线路替代中压线路建设需求的项目，1kV 系统具有巨大的潜力。在新客户需要连接到低压供电区，并且客户的电气化需要对供电区进行分区或建设非常坚强的 400V 线路时，1kV 系统同样也可能是经济解决方案。一般通过应用20/1/0.4kV三绕组变压器来取得经济解决方案。1kV系统容许建设的低压供电区比传统的更大，在这种新的供电区内，主网为1kV线路，并连接着一些1/0.4kV变压器。实际中，在电网改造时采用1kV结构，意味着对现有电网的一部分拓扑结构进行改造。1kV系统减少了传统供电区的分区数目，并因此减少了新建20/0.4kV配电变电站的数量。然而，由于有1/0.4kV配电变电站，配电变电站的总数增加了，或至少维持在同一数目。如果设计得当，400V电网一般也会缩短0~30%。但总的电网长度保持大致相当。

1kV系统由低压线路实施，因此并不需要像20kV线路那样宽的路径。因此，森林的自然景观和度假区的敏感风景都能得以保护。线路建设的土地使用费也减少了。另外，因为线路路径需要更少的空间，更容易签订土地合同了。

在农村地区，可能需要中压电网的地下电缆来提高可靠性。但是，从电缆的经济性来说，农村地区的中压线路负载太低了。可行的替代方案是使用1kV低压电缆来替代中压电缆，1kV地下电缆的经济效益是由于较低的投资费用。在农村地区，1kV地下电缆电网的投资费用比中压电缆低50%或更多。

图7-10为三个电压等级的配电网的简单模型，其中20kV中压线路通过1kV低压等级为400V低压客户供电。

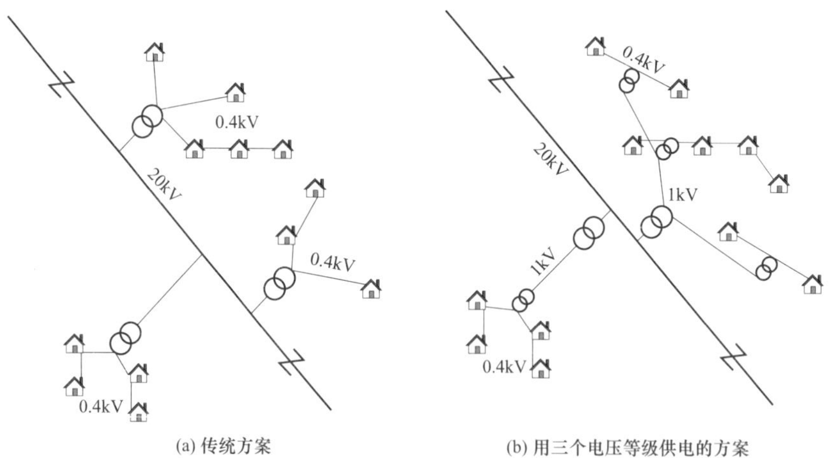

图7-10 通过传统的和用三个电压等级的电网方案为客户组供电

目前的1kV设备（之前归为400V设备）必须进行测试以符合1kV的技术要求。这就容许在1kV系统使用常规的低压设备，例如架空集束线和地下电缆。经过测量和故障计算之后，确定了芬兰的1kV电网采用中性点绝缘方式。

【例1】新建项目

在本例中，将1kV技术应用于有7个位于不同岛屿的新客户的新建项目中，额定功率为7kW/户。图 7-11 显示了现有 20kV 配电网和新客户位置。通过采用传统的20/0.4kV 技术和介绍过的20/1/0.4kV 技术进行了电气化规划。20/0.4kV 和 20/1/0.4kV 解决方案的线路也显示在图中。基于电网规划，比较了不同方案的成本、供电能力和短路电流。假设供电区内的消费在未来不会有任何增加。

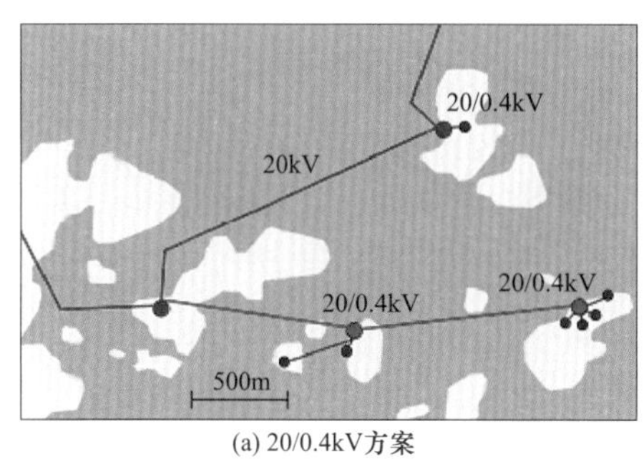

(a) 20/0.4kV方案

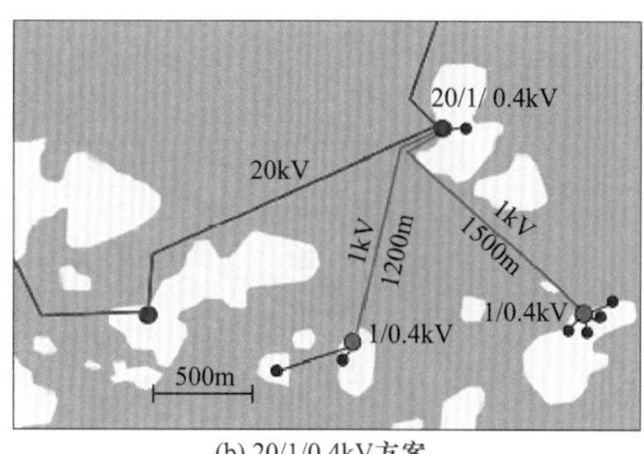

(b) 20/1/0.4kV方案

图 7-11 20/0.4kV 和 20/1/0.4kV 拓扑结构中的新客户和线路路径

由于距离较远，20/0.4kV 方案必须为处于最偏远的岛屿客户建立一条新的20kV 线路。当使用 1kV 技术时，需要一个 20/1/0.4kV 三绕组变压器和两个1/0.4kV 变压器，不需要新建20kV 线路。表7-2 列出了不同方案的费用。其中，没有算入400V 电网的成本，因为这部分成本在20/0.4kV 和 20/1/0.4kV 解决方案中大致相同。

表 7-2 一个新建项目中 20/0.4kV 和 20/1/0.4kV 设计方案的费用 （千欧元）

费用因素	20/0.4kV	20/1/0.4kV	成本差异
投资	121	91	30
损耗	2	4	-2
停电损失	25	0.01	25
总计	148	95	53

20/0.4kV 的大部分费用是由 20kV 水下电缆造成的。相应的，在 1kV 技术方案中，使用了低压水下电缆。

在 1kV 技术的设计方案中，客户连接点（400V 供电端）的最大电压降为4.5%，400V 电网的最小短路电流为445A。1kV 线路长度为 1500m，导线选用地下电缆 70mm^2。新客户位于距离 1/0.4kV 配电变电站 150m 处。

【例 2】改造项目

1kV 技术可以用于中压馈线的改造。在本例中，拆除了位于森林地区的老旧

20kV 中压架空线，并沿路边新建了 1kV 线路，如图 7-12 所示。

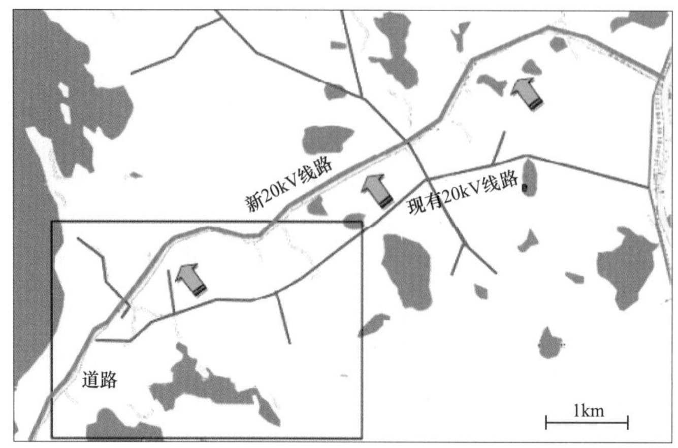

图 7-12　改造的中压线路示意图

将中压线路转移到路边的目的是提高配电可靠性并使线路的运行和维护更容易。另外，在本项目中，也更新了旧的低压架空电网。新的中压电网准备使用架空绝缘线，低压电网采用地埋方式的电缆。馈线的峰荷为 600kW，客户分布如表 7-3 所示。采用先前的本项目研究中的停电损失成本价，馈线使用年限内的停运价格为 3645 欧元/km。计算时计入电网使用年限为 40 年，利率 5%。

表 7-3　客户组的用电量分布

客　户　组	占电能消耗比例
居民住户	49%
农业	19%
工业	7%
公共	10%
服务	15%
总计	100%

图 7-13 更详细地展示了馈线的一部分，画出了新、旧中压线路和已有的 20/0.4kV 旧供电区。

图 7-14（a）使用传统的 20/0.4kV 技术进行改造规划，图 7-14（b）使用 1kV 技术对同一地区的电网进行改造规划。由 7-14（b）可以看出，在本项目中，远离新主干线的现有低压供电区能由 1kV 配电电压供电。

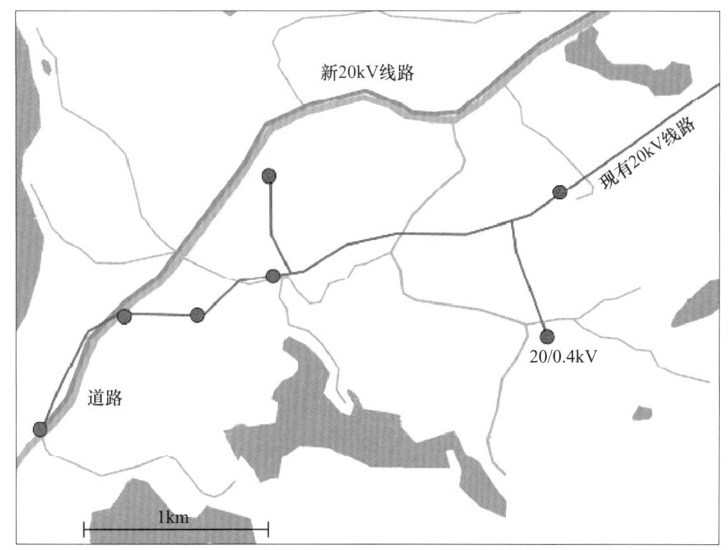

图 7-13 项目中的新、旧中压线路和已有的 20/0.4kV 旧供电区

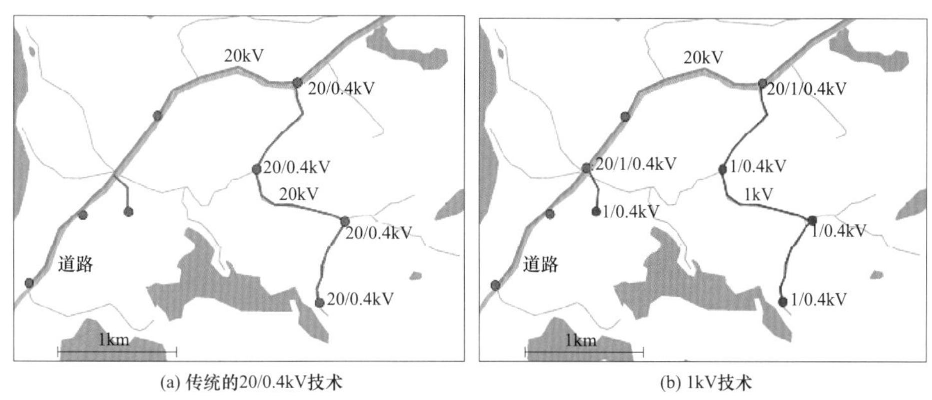

(a) 传统的20/0.4kV技术　　(b) 1kV技术

图 7-14 改造项目设计方案

在图 7-14 的项目中，最长的分支线为 2.7km，总功率为 49kW。如果该项目使用传统的 20/0.4kV 技术，总费用将达到 10.1 万欧元，如表 7-4 所示。该表也列出了使用 1kV 技术的项目费用。两种情况下，线路路径都随道路布置。表中没有计入 400V 线路的费用，因为两种情况下低压供电区相似。1kV 设计方案总费用为 6.7 万欧元，比 20/0.4kV 设计方案低了 34%。

表 7-4　　改造项目的 20/0.4kV 和 20/1/0.4kV 设计方案的成本　　(千欧元)

费用因素	20/0.4kV	20/1/0.4kV	成本差异
投资	88	60	28
损耗	3	7	-4
停电损失	10	0.01	10
总计	101	67	34

在该项目的最偏远 1/0.4kV 供电区中，400V 客户的最大电压降约为 5%（相对于 380V）。400V 电网的最小短路电流约为 200A。

在该例所示的情况下，1kV 技术也不失为一种有竞争力的选择。同样重要的是要认识到该技术的严格的经济应用范围。另外，必须指出的是引进一个新的电压等级增加了配电企业的成本，例如需要新的设备、需要增加规划和安全事项的培训。

故障电流保护

芬兰的电气安全法规包括对保护功能的一般性要求。配网企业必须满足这些要求。在保护满足最低要求及达到相关自动化要求时，配电可靠性往往可以得到明显改善。中压电网的特征是辐射状运行、中性点不接地和经阻抗接地。辐射状运行有利于实现保护的选择性，而中性点不接地方式使得接地故障不同于短路故障，因此，对其需要采用特别的方法对接地故障进行判断和定位。

在主变电站，所有供电设备都配备了继电器和断路器，而在中压电网只配置有限数量的断路器。在芬兰，根据断路器性能和跳闸时间，可配置一套或双套保护。

低压电网一般由熔断器实现保护。

8.1 中压网络短路保护

短路保护的目的是，防止由短路电流对导线或其他设备产生的热损害以及隔离电网中的故障线段；确保故障时运行人员和其他人员的安全。在芬兰，针对这种目的，一般采用定时过流继电器。这种继电器常常包含可以在电流较大时可提供瞬时跳闸的设备中。此继电器也起到过流保护的作用。

在架空网中，由于导线的良好导热性，很少发生过载现象。这种情况下，必须设置过流继电器跳闸电流的阈值，使得继电器可以在这两种情况下动作：电流达到2倍的负荷电流以及网络末端发生两相短路的情况。在电缆网中，继电器最迟必须在电流达到电缆的额定容量时启动。如果电缆负载受遥测可控时，继电器整定值有可能可以提高。但不管怎样，在这种情况下，保护也必须在短路电流发生时启动。

通过瞬时切除动作，可以确保不会超过主变电站附近线路的短路承受能力。同时，也能使电压暂降的持续时间限制在很短的时间范围内。整定值为几千安培即可满足要求。瞬时切除动作还用于主变电站的主断路器，以保护在母线系统中可能出现的母线短路故障。在中压馈线发生短路时，主断路器的瞬时动作也会启动，但是一般情况下，馈线保护继电器跳闸而闭锁主断路器的瞬时动作。用这种方式，所有快速自动重合闸可以实现保护选择性。要实现瞬时切除动作，则需要电流互感器在大电流的情况下也具有性能优良的特点。在有开关电流脉冲时，继电器有可能误动，除非考虑了这种可能性。

除了主变电站设备之外，线路其他地方也有一些断路器。具有重合闸装置的断路器由过流保护的动作时间设置来满足保护选择性，也就是说，设置重合闸装置的动作时间，使其比主变电站母线断路器的更长。

在检查电网的短路承受能力时，必须要考虑到快速自动重合闸可能带来的影响。由短路电流造成的导线发热时间是快速自动重合闸启动之前和之后的短路电流持续时间之和。也就是说，继电器的整定时间延迟、开断线路继电器的开始时间（从事件激活开始）和断路器的电弧时间相加而成。地下电缆和大截面导线的情况下，延时自动重合闸对于导线温升也有明显的效果。值得注意的是，如果遥控使得短路的线路在一个较短的冷却时间后重新带电，也能引起热损害。

快速自动重合闸是一种清除暂时性电弧故障的有效手段。因此，它通常不适用于地下电缆电网。在架空线电网中，快速自动重合闸在短路保护中不如在接地故障保护中那么有效。

计算导线的短路承受能力时，必须考虑到延时自动重合闸对导线发热的影响。通过式（8-1）计算短路电流的等效有效发热时间 t，可考虑到延时自动重合闸断电期间的冷却过程。

$$t = t_1 e^{-t_0/\tau} + t_2 \tag{8-1}$$

式中 t_1——延时自动重合闸断电之前的短路持续时间（继电器整定延迟时间之和加上继电器启动时间之和与断路器操作时间之和）；

t_0——延时自动重合闸断电期；

τ——导线冷却时间常数；

t_2——延时自动重合闸之后的短路持续时间。

【**算例**】图 8-1 为中压电网设计短路保护的示例图，附近没有旋转电机。

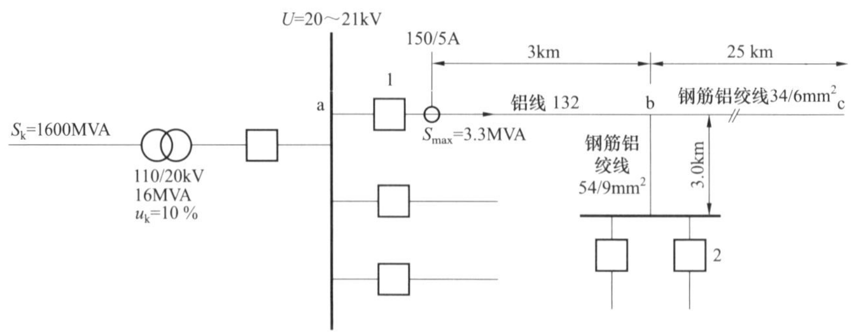

图 8-1　短路保护的电网示例图

在保护中，使用的线路保护程序（在程序中设置动作为快速自动重合闸操作和延时自动重合闸操作）如图 8-2 所示。

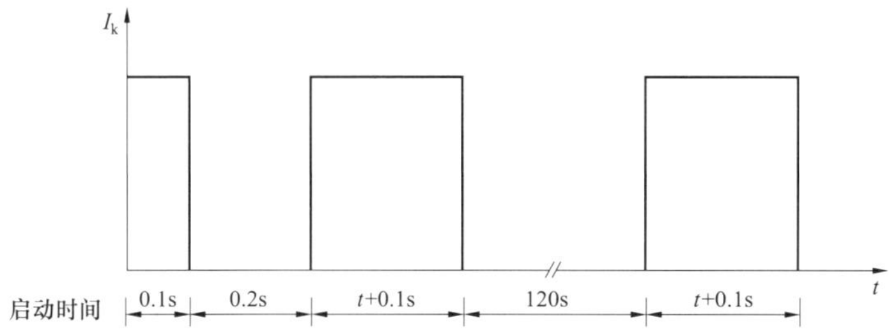

图 8-2 短路电流作为时间函数的示意图

表 8-1 给出了导线的电气技术参数。

表 8-1 导线的电气技术参数

导线截面（mm^2）	R（mΩ/km）	X（mΩ/km）	τ（min）	I_{max}（1s，kA）
132	237	357	10	11.6
54/9	580	389	6	5.1
34/6	919	408	4	3.2

注 R—+40℃时的电阻；X—电抗；τ—冷却时间常数；I_{max}—1s 持续时间的短路电流限值。

解： 分别计算在 a、b 和 c 点的戴维南阻抗。

（1）110kV 电网的阻抗为

$$X_k = \frac{U_n^2}{S_k}\left(\frac{U_2}{U_1}\right)^2 = \frac{110^2}{1600}\left(\frac{21}{110}\right)^2 \Omega = 0.27\Omega$$

$$R_k \approx 0$$

（2）主变压器部分的阻抗为

$$R_m \approx 0$$

$$X_m = u_k \cdot \frac{U_n^2}{S_n} = 0.1 \cdot \frac{21^2}{16}\Omega = 2.75\Omega$$

（3）a 点的短路阻抗

$$\underline{Z}_a = 0 + j(0.27 + 2.75)\Omega = j3.02\Omega$$

$$Z_a = 3.02\Omega$$

考虑 3km 132mm^2铝线

$$R = 3 \times 0.237\Omega = 0.71\Omega$$

$$X = 3 \times 0.357\Omega = 1.07\Omega$$

(4) 在 b 点的短路阻抗

$$\underline{Z}_b = (0.71 + j1.07)\Omega + \underline{Z}_a = (0.71 + j4.10)\Omega$$

$$Z_b = 4.16\Omega$$

(5) 同理，c 点的短路阻抗为

$$\underline{Z}_c = (23.68 + j14.30)\ \Omega$$

$$Z_c = 27.67\Omega$$

(6) a，b 和 c 点的三相短路电流为

$$I_{ka} = \frac{U}{\sqrt{3}Z_a} = \frac{21}{\sqrt{3} \times 3.02}\ \text{kA} = 4.0\text{kA}$$

$$I_{kb} = 2.9\text{kA}$$

$$I_{ka} = 0.44\text{kA}$$

如果计算中考虑 110/20kV 主变压器变比，电压为 1.1×20kV = 22kV 时，则短路电流较大。

在本例的电网中，截面 34/6mm^2 导线首端（即 b 点）的三相短路电流最接近于 1s 短路电流限值。基于该数据，可计算 1 号断路器的最大可能跳闸时间。

断路器在故障期间的操作如图 8-2 所示，在确定短路容许容量时，必须考虑自动重合闸对导线发热的影响。图 8-3 描述了导线发热过程。通过应用式（8-1），可以考虑延时自动重合闸断电期间的冷却过程。

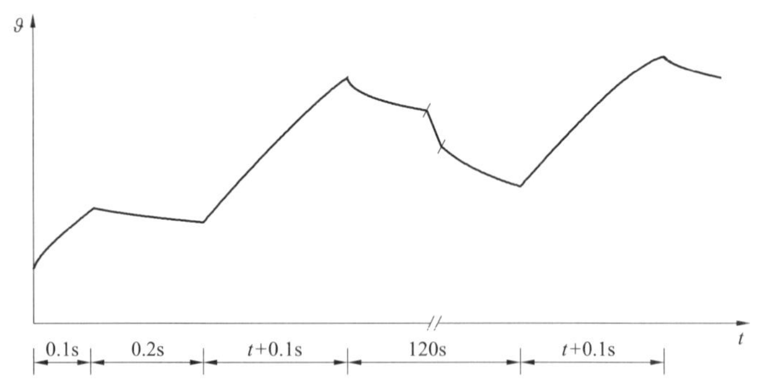

图 8-3　短路期间导线的温度变化曲线图

当由式（8-1）计算的短路持续时间不等于 1s 时，可以由式（8-2）得到导线容许短路电流 I_{kt}。

$$I_{kt} = \frac{I_k}{\sqrt{t/1\text{s}}} \tag{8-2}$$

式中 t——短路持续时间；

I_k——导线的 1s 短路电流限值。

对应于 b 点的截面为 34/6mm² 导线可以写出

$$[(0.1\ \mathrm{s}+t_{1\max}+0.1\ \mathrm{s})e^{-\frac{2}{\tau_{Sp}}}+0.1\ \mathrm{s}+t_{1\max}]I_{kb}^2=I_{k1s}^2$$

$$\tau_{S_p}=4\mathrm{min}$$

$$I_{k1s}=3.2\mathrm{kA}$$

$$I_{kb}=2.9\mathrm{kA}$$

则 $0.2\ \mathrm{s}e^{-0.5}+e^{-0.5}\cdot t_{1\max}+0.1\ \mathrm{s}+t_{1\max}=\left(\frac{3.2}{2.9}\right)^2$

得出 $t_{1\max}=0.61\ \mathrm{s}$

断路器 1 必须动作的最小短路电流是 c 点的两相短路电流。将三相短路电流乘以 $\sqrt{3}/2$ 得到两相短路电流值，即

$$I_{k2c}=\sqrt{3}/2\cdot I_{kc}=0.38\mathrm{kA}$$

另一方面，断路器 1 在最大负荷电流时不应该动作。

$$I_{\max}=\frac{S}{\sqrt{3}U}=\frac{3.3}{\sqrt{3}\times 20}\mathrm{kA}=0.10\mathrm{kA}$$

因此，启动电流整定值必须在 0.10~0.38kA 范围内。电流互感器一次绕组额定电流为 0.15kA，因此，继电器整定值必须在（0.7~2.5）I_n范围内，I_n为额定电流。

上述计算表明，对于短路保护而言，瞬时动作是没有必要的。另一方面，主变电站附近发生短路时的电压暂降通常很大，可以通过短路电流较大时采用瞬时动作来减小电压暂降的不利影响。但是，瞬时动作不应该危及断路器 1 和断路器 2 的选择性动作。在断路器 2 后短路的三相短路电流大约为 2.0kA。整定瞬时动作的跳闸电流为 2.5kA，可以实现动作的选择性。至于断路器 1 的整定值，例如，可以选择表 8-2 中的值。

表 8-2　断路器 1 的整定值

需设置的参数	整　定　值
$I>>$	$15I_n$（短路电流>2.5kA 时瞬时动作）
$I>$	$1.5I_n$（延时跳闸的启动电流）
T	0.5s（延迟跳闸的时间）

为了保证断路器 2 下游侧短路期间的保护装置选择性，断路器 2 的整定时

间必须比断路器 1 的延迟时间至少短 0.15s。如果保护系统具有基于微处理器的继电器，150ms 的时间差对于选择性足够了。对于老式电子继电器，时间差必须至少有 300ms。对于机械式继电器，满足选择性动作条件的时间差至少为 500ms。

对于给母线系统供电的主断路器的电流整定值，需根据主变压器的额定功率和负载能力来定。在主断路器中使用瞬时动作保护，馈线保护动作时则闭锁其瞬时动作。如上所述，延时跳闸的整定时间必须比 20kV 馈线的整定时间长 150~500ms。在这种情况下，主断路器保护也作为 20kV 馈线的后备保护。

8.2 中压电网接地故障保护

8.2.1 中性点不接地中压电网接地故障保护

在芬兰，中压电网通常是中性点不接地系统或者经消弧线圈接地系统。在经消弧线圈接地系统中，中性点接有电感，其电抗大致对应着线路接地电容的容抗。

不同接地情况引起的接触电压问题，是选择中压电网不接地方式的关键原因。当导线产生电弧或导线接触到保护接地的一部分时，往往就造成了接地故障。在这种情况下，即使接地（故障）电流不大，也可能会引起危险的接触电压。在确定容许的接触电压时，目的就是找到因触电而产生危及人体心室颤动的电压容许值。在芬兰的《SFS 6001 标准》中，这个容许值需要考虑流过人体的电流、持续时间，以及考虑人体总阻抗影响的人体电流路径。为了满足标准规定的要求，除了改善接地状况的方式，还可以采用缩短跳闸的延迟时间或减少接地故障电流的方式。后者可以将电网划分为独立的几部分来实现或采用经消弧线圈接地方式来实现。

中性点不接地系统发生接地故障时，中性点电压和各相电压都将改变，并且在电网各部分，将出现经过接地电容的电容性故障电流。

在中性点不接地系统中，接地（故障）电流的路径是从故障点到地面（通常通过故障电阻），通过线路的接地电容，通过各相导线阻抗到 110/20kV 主变压器的绕组，并从那里通过故障相的阻抗到达故障点，如图 8-4 所示。图中 R_f 为接地电阻，U_0 为变压器中性点电压。

与每相导线的接地电容 C 相比，主变压器绕组和导线的串联阻抗（几欧姆）非常小，在接地故障计算中可以忽略不计。使用戴维南理论的等效电路如图 8-5 所示。

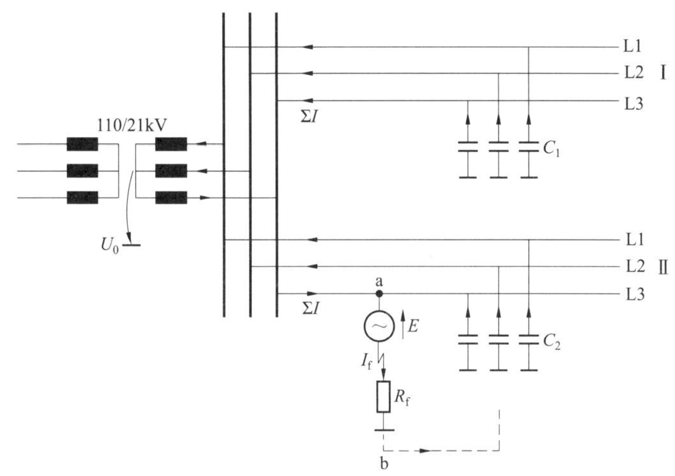

图 8-4 三相中性点不接地系统的单相接地故障

图 8-5 中，戴维南电源位于接地故障点处。戴维南电源电压等于故障相故障前的相电压。假设戴维南电源的内部阻抗仅包括电网的接地电容，其和用图中 3*C* 表示。在构建内部阻抗时，接地电容连接在中性点和接地点之间，因此图 8-5 的 c 点表示电网的中性点，3*C* 电容器上的电压表示中性点电压。

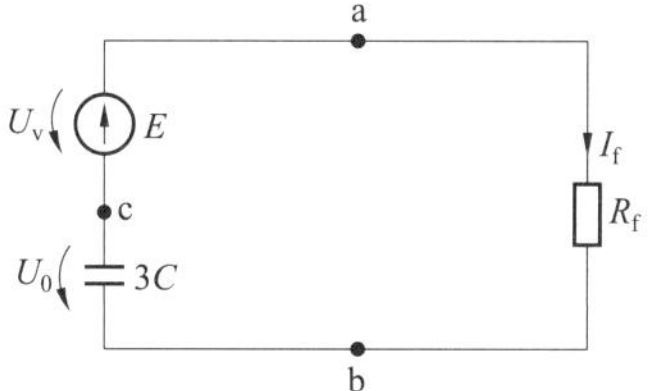

图 8-5 接地故障回路的等效电路图

由等效电路可以得出接地故障电流 I_f和中性点（零序）电压 U_0，即

$$\underline{I}_f = \frac{\underline{E}}{R_f + \dfrac{1}{j3\omega C}} = \frac{j3\omega C}{1 + j3\omega CR_f}\underline{U}_V \tag{8-3}$$

$$\underline{U}_0 = \frac{1}{j3\omega C} \cdot (-\underline{I}_f) = \frac{-1}{1 + j3\omega CR_f}\underline{U}_V \tag{8-4}$$

采用戴维南等效电路时，应该记住，虽然由计算公式得出了正确的结果，但是接地故障的具体情况是不确定的。

在中性点经消弧线圈接地系统中，通过在电网中性点连接一个电感来补偿对地电容，可以实质性地减少故障点的接地故障电流及恢复电压的梯度。

在中性点不接地系统的等效电路中加上消弧线圈的电感 L 可以得到其电网的等效电路，电阻 *R* 代表在中性点和大地之间可能附加的电阻，如图 8-6 所示。

消弧线圈的选择可以使得经过接地电容的电流总和近似等于经过消弧线圈的电流。因为电流 I_L和 I_C是反向的，因此剩余的接地（故障）电流 I_f很低。故障馈

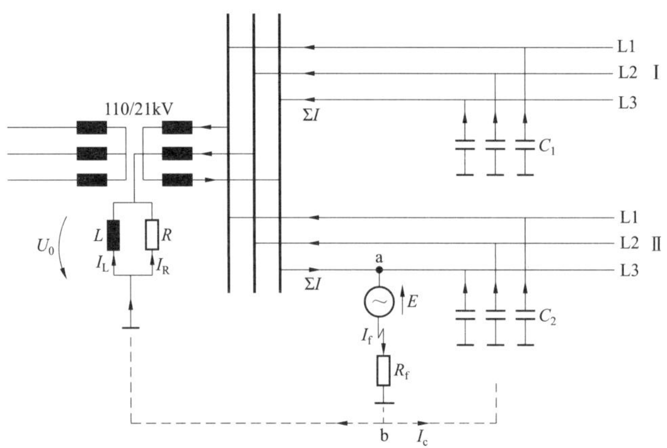

图 8-6　中性点经消弧线圈接地系统单相接地故障电流示意图

线 j 首端的电流互感器检测到总和电流 I_r。在其等效电路图 8-7 中，这个电流主要由中性点电压 U_0和消弧线圈等效电路中的电阻部分 R 决定。电压 $-U_0$和电流 I_r大致同相位，如图 8-8 所示。除了消弧线圈和可能的附加电阻之外，导线电阻和电网的阻性泄漏电流也影响有功电流分量的大小。

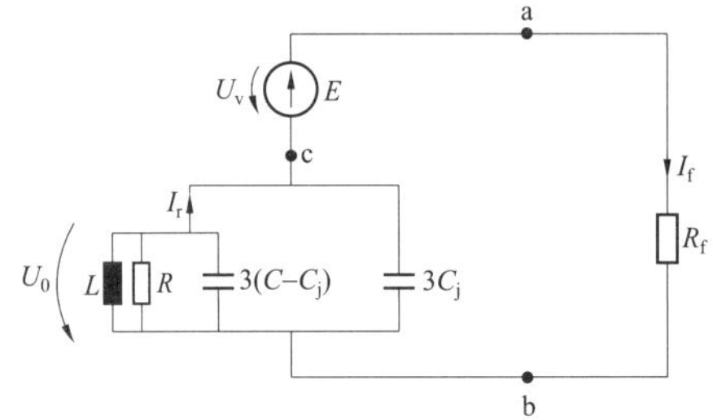

图 8-7　中性点经消弧线圈接地系统接地故障回路等效电路

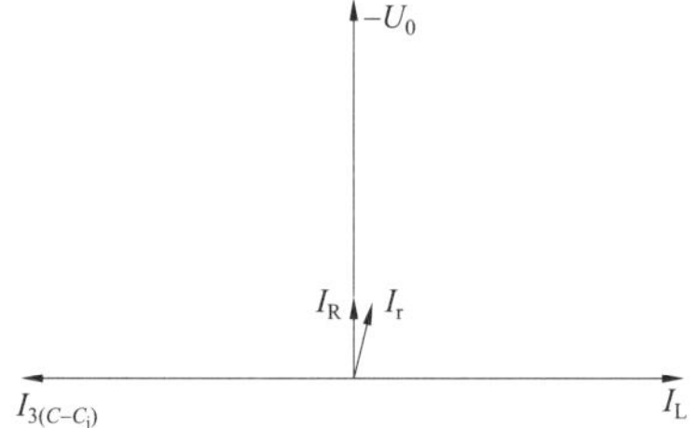

图 8-8　接地故障回路向量图

在等效电路中，可以推导出接地故障电流 I_f的表达式和中性点电压 $\underline{U}_0$ 的计算式，即

$$\underline{I}_f = \frac{\underline{U}_V}{R_f + \dfrac{R}{1 + jR\left(3\omega C_0 - \dfrac{1}{\omega L}\right)}} \tag{8-5}$$

$$\underline{U}_0 = \frac{-R}{R_f + R + jRR_f\left(3\omega C_0 - \dfrac{1}{\omega L}\right)}\underline{U}_V \tag{8-6}$$

8.2.2 接地故障现象

中性点不接地系统的接地故障电流不大，通常为5~100A。电流幅值大小取决于主变压器下方的接地电网的容量。20kV线路引起的接地（故障）电流平均为0.067A/km。地下电缆的接地电容更大，引起的接地（故障）电流（取决于电缆的类型）为2.7~4A/km。电缆结构对电缆的接地电容有很大的影响，因此通常在计算中有必要采用厂商提供的电缆接地电容值。同样，架空线的几何结构也影响对地电容的数值。但是在计算中也可以对所有线路使用平均电容值（6nF/km/相）。

如果故障电阻 $R_f=0$，故障相电压在故障期间等于零，非故障相电压将上升为线电压，中性点电压将上升为相电压，如图8-9所示。

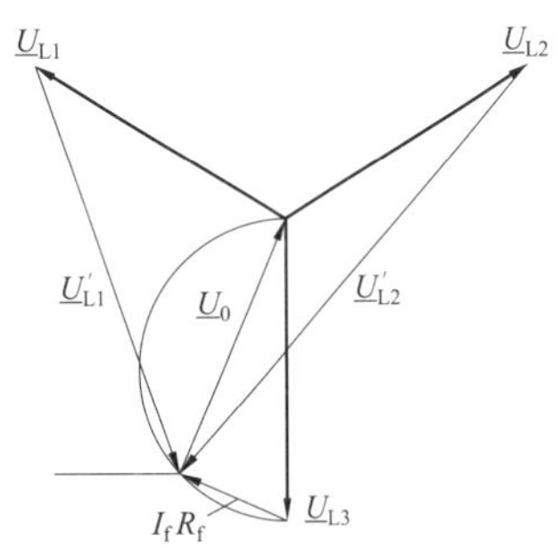

图8-9 接地故障期间的电压示意图

当故障电阻增加时，接地（故障）电流和中性点电压将减小。从接地故障保护来看，电流值太小是有问题的，这种情况下故障电阻可能接近电网正常状态下的泄漏电阻。例如架空绝缘线接地或当树木倚靠在架空线上时，就属于这种情况，故障电阻可能达到10~100kΩ。

当线路长度增加时，接地故障电流会下降。当接地故障经由故障电阻，线路长度增加时，中性点电压也会减少。图8-10给出了中性点电压在不同故障电阻值时关于线路长度的函数。图中下部横坐标给出了直接接地故障的接地故障电流（A），同时上部横坐标给出了电网线路的总长度（架空线路）。

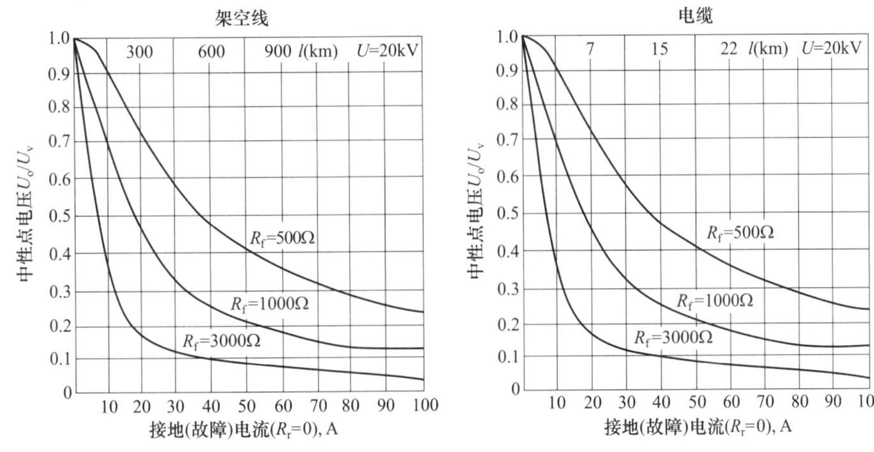

图8-10 中性点不接地系统中中性点电压关于线路总长度的函数图

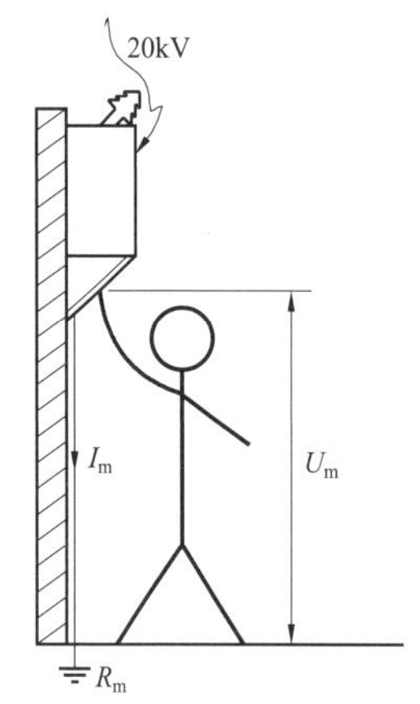

图 8-11　接地电压示意图

如果接地故障点有故障电阻，接地（故障）电流会引起接地电压（对地电势上升）。雷击过电压引起的过电压保护动作是一种典型的接地故障情况。在这种情况中，接地（故障）电流通过过电压保护到达配电变电站接地装置，如图 8-11 所示。现在接地（故障）电流引起了接地电压 U_m，由式（8-7）计算。

$$U_m = I_f R_m \tag{8-7}$$

接地电压会引起接触电压并可能暴露于人体或动物。芬兰的《SFS 6001 标准》规定了各种设备的容许接触电压 U_{TP}。接地电压不能超过式（8-8）中的计算值。

$$U_m \leqslant kU_{TP} \tag{8-8}$$

容许的接触电压取决于接地故障的持续时间，见表 8-3。

表 8-3　容许的接触电压关于持续时间的函数表

持续时间（s）	0.3	0.4	0.5	0.6	0.7	0.8	0.9	1.0
U_{TP}（V）	390	280	215	160	132	120	110	110

在设计目标中，系数 k 取 2，这样除了配电变电站接地，低压电网接地也依照标准中给出的指示（见 8.3 节）。如果可能，在配电变电站将中压电网和低压电网的接地装置连接起来。

如果由于技术或经济原因没有达到设计目标，则取 $k=4$。在以下情况使用这个较高值：接地状况较差，配电变电站具有等电位连接或所有低压支路的接地与其长度无关。

如果整个供电区的土壤导电性不良，例如有岩石或碎石，则取 $k=5$。这些情况有：

（1）配电变电站有等电位连接；

（2）每个连接必须有自己的接地装置；

（3）如果不能满足以上情况，必须在客户建筑物的周围建立连接到电网的等电位连接。

通过改善接地状况，缩短接地保护动作时间或减少接地故障电流，可以满足接地电压的要求。通过将电网分成较小的几部分（更多主变压器）或中性点经消弧线圈接地方式，可以减少接地（故障）电流。

中性点经消弧线圈接地意味着减少接地（故障）电流和降低接地电压。接地（故障）电流的减少看上去更像是接地故障电弧自己熄灭了。减少接地（故障）电流也使得在容许的接地电压下跳闸时间更长，这进一步地促进接地（故障）电流自己消失。接地（故障）电流自己熄灭，也减少了慢速自动重合闸的次数从而减少对客户的不利情况。

尽管在接地故障期间有较强的电压不平衡，但当配电变电站一次绕组为三角形连接时，配电变电站低压侧 400V 电网的电压还是正常的。在正常和故障情况下绕组电压都为线电压。至少在原则上，在接地故障期间电网运行是可能的；故障电流很低（不会损害设备）并且终端客户电压是三相有序的。在芬兰，过高的接触电压是在接地故障期间电网运行的主要限制因素。

在中压线路的导线断线但在供电方向侧没有接地点的这种特殊情况下，低压电网电压严重偏离正常值。其中一相的电压是正常的，而其他两相的电压是正常值的一半。其原因是这样的：当高压侧绕组为三角形接法，一相断电时，一个绕组（在两个非故障相之间的绕组）电压为线电压，并且两个绕组（非故障相到故障相）之间的电压为线电压。

8.2.3 接地故障保护的实施

在中性点不接地系统中，不像短路保护，接地故障保护不能基于过流保护。故障电流很小，通常甚至比负荷电流还小。接地故障可能有一些指示量，如中性点工频电压变化、工频相电压变化、工频总电流、电流和电压谐波、高频暂态谐波。

在接地故障期间，电流中有 5 次谐波。接地故障初始阶段，会产生暂态电流，此时接地相电容放电而非故障相接地电容充电。

实际中，通过接地故障的方向继电器实施接地故障保护。接地故障继电器通常位于主变电站。其保护是基于三相电流不平衡和中性点电压上升。从馈线相电流的向量之和得到关于电流不平衡的零序电流。这个由三个单相电流互感器连接而成或电缆型（零序）电流互感器组成。如图 8-12 所示。

由连接在相电压上的电压互感器的二次绕组的开口三角形，测量得到中性点电压。当接地故障发生在接地故障继电器所保护的馈线上时，继电器才可能启动。由位于馈线首端的总和电流互感器测量到的零序电流低于故障点的接地故障电流 I_f。计算线路首端的零序电流时必须减去故障馈线对地电容的影响，因为馈线接地电容的故障电流分量在两个方向通过总和电流互感器，如图 8-13 所示。对应的故障电流分布已由图 8-7 给出。

在中性点不接地系统中，通过故障馈线的故障电流 I_f可以用图 8-13 等效电路确定。

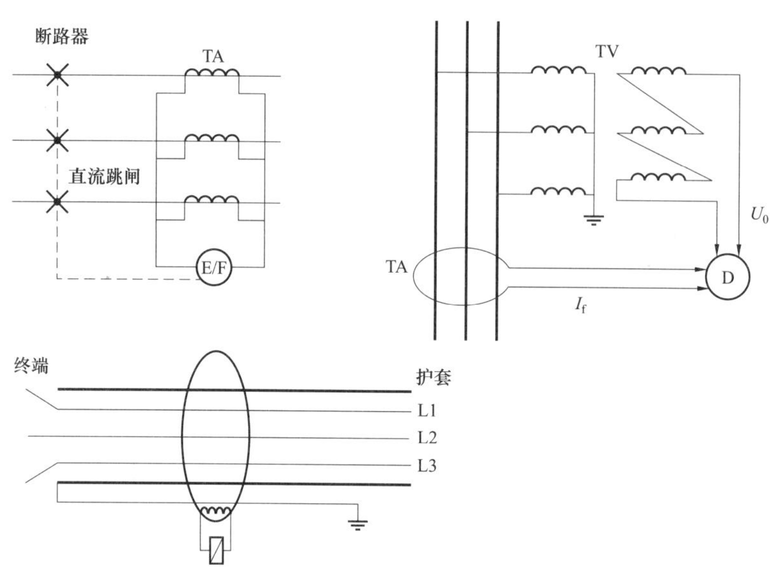

图 8-12 电流之和与中性点电压的测量示意图

图 8-13 中，C 代表电网的总接地电容，C_j 代表故障馈线的接地电容。经过两条支路写出中性点电压的表达式即

$$-I\left[\frac{1}{j3\omega(C-C_j)}\right]=-(I_f-I_r)\frac{1}{j3\omega C_j} \tag{8-9}$$

从上式可得

$$I_r=\frac{C-C_j}{C}\cdot I_f \tag{8-10}$$

方向继电器的动作条件是电流 I_r 和中性点电压 U_0 超过整定值。在图 8-14 中的接地故障情况下，在馈线Ⅱ中，大部分故障电流流过接地电容 C_1 和馈线Ⅰ到达母线系统并从那更进一步流向馈线Ⅱ。在馈线Ⅱ上的继电器的开断条件是零序电流流向故障点而不是流向母线系统。在图 8-13 的等效电路中，$C-C_j$ 表示图 8-4 的接地电容 C_1，电流 I_r 经过馈线Ⅰ和其他可能的非故障馈线流向母线系统，并从那经过馈线Ⅱ流向故障点。通过测量相电压 U_0 和经过总和电流互感

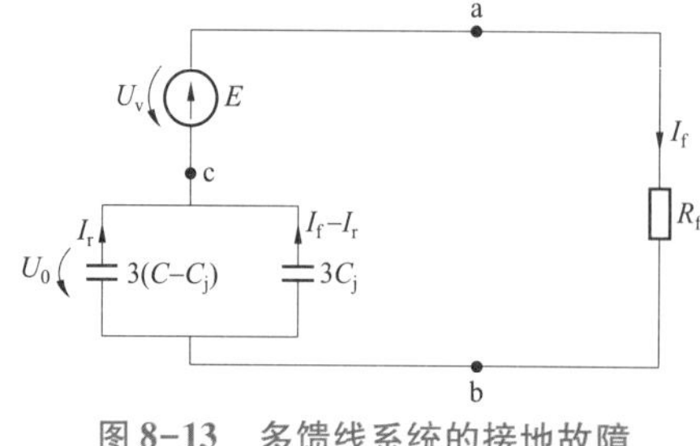

图 8-13 多馈线系统的接地故障回路等效电路

器的电流向量 I_r之间的角度，来检查故障电流的方向。电流必须近似超前接地点和中性点电压$-U_0$ 90°。因此，方向继电器识别故障馈线的第 3 个条件为 $90°-\Delta\varphi<\varphi<90°+\Delta\varphi$。

泄漏电阻和导线电阻的影响并不明显，因此公差 $\Delta\varphi$ 可以相当小。但是，在相角构成更不明确的经消弧线圈接地系统中，也可以使用一样的继电器。

在中性点不接地系统中，常常用快速自动重合闸来消除接地故障电弧。快速自动重合闸的缺点是会引起短时停电。通过增加线路分段和延时跳闸可以减少这些停电次数。例如在法国，常用的方法是主变电站故障相暂时接地，这个可消除接地故障电弧但不会引起客户的停电。

同样在经消弧线圈接地系统中，方向继电器的动作条件是电流 I_r（主要由通过并联在消弧线圈上的电阻 R 的几安培有功电流组成）及中性点电压 U_0都超过整定值。不同于中性点不接地电网的是，零序电流和负中性点电压相角为“最大值±$\Delta\varphi$”。由于接近谐振附近，故障期间相角可能变化很大。因此，容许误差 $\Delta\varphi$ 通常很大，例如 80°。

方向继电器的优点是继电器的高灵敏度以及之前提到的电压、电流和角度判据的独立性。

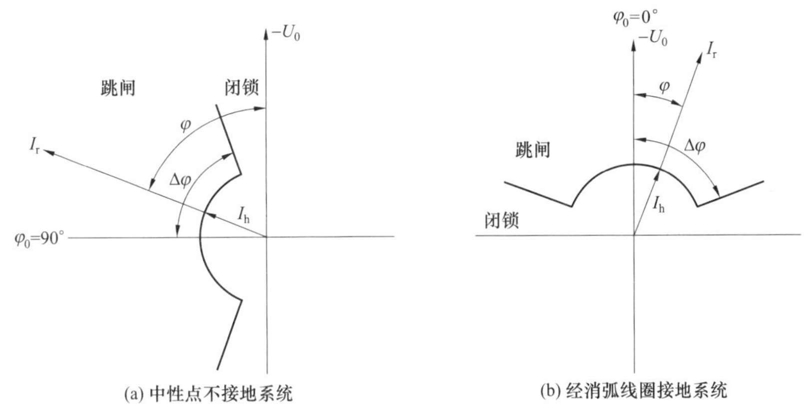

图 8-14　接地故障的方向继电器的电流相角图

接地故障保护需要不同馈线的总电流数据，由位于每根馈线上的电流互感器测量。同样在架空线电网中，主变电站馈线出线由电缆实施。在这些电缆馈线中，零序电流互感器应用于接地故障保护中，它由环绕电缆的电流互感器铁芯组成。二次绕组绕在铁芯上，电缆自身作为一次绕组。当目标是测量相电流的相量和时，必须确保通过电缆金属护套的故障电流不会影响结果。总加电流互感器低压侧额定电流通常为5A。一次绕组额定电流依照电网接地故障电流选择，例如变比可以是20/5A。

全网的零序电压由位于主变电站的电压互感器测量。零序电压可以由开口三角形测量，其电压互感器连接于三角形中，即三角形的一角是打开的。零序电压可以由这个开口三角形测量。可以这样选择电压互感器的变比：当中性点电压等于相电压（直接接地故障）时，开口三角形电压为100V。

基于以下情况和目标设计接地故障保护。

(1) 对于保护功能的有效性，最关心零序电流（高故障电阻，小容量电网）和中性点电压（高故障电阻，大容量电网）的最低值。

(2) 对于接地电压的要求，重要因素是最大接地故障电流和接地故障持续时间（持续时间没有加在自动重合闸中）。

(3) 对于接地故障的自我消失及对于故障定位，接地故障持续时间应该尽可能长。

因此，保护设计包含了几种接地故障电流的计算。在设计中，有必要考虑各种情况，考虑到电网尽可能大的情况（备用供电情况）和电网尽可能小的情况（两根馈线，其中一根尽可能短）。在设置接地故障的持续时间时，对于现代继电器可以设置为阶跃。大电流（金属性）接地故障引起的高接地电压能被快速切除。对于较低的接地故障电流，可以使用较慢的跳闸动作，目标是接地故障消失，否则电弧进一步转变成短路。接地故障转变为短路明显提高了故障自动定位的机会。

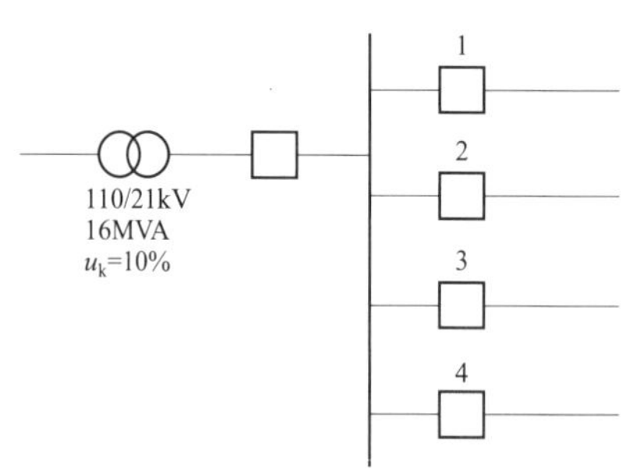

图 8-15　算例电网示意图

【算例】 问题是确定电网继电器的整定值。当至少有两条馈线连接到电网上时，在故障电阻500Ω的接地故障情况下，保护装置必须保证动作的选择性。

如果只有一根馈线连接在110/20kV主变电站上（见图8-15），应该怎么配置各断路器的电网保护。

在图8-15的中性点不接地系统中，不同馈线的线路长度列于表8-4中。

表 8-4　算例电网中的导线

馈　线	导线类型	长度（km）
1	架空线	80
2	电缆 120mm^2	14

续表

馈　　线	导线类型	长度（km）
3	电缆 $120mm^2$	21
4	电缆 $120mm^2$	0.7

每相的接地电容列于表 8-5 中。

表 8-5　　算例电网的电容

导　　线	接地电容$\left(相，\frac{nF}{km}\right)$
架空线	6.0
电缆 $120mm^2$	230.0

解：接地故障保护方向继电器的动作条件为

$$I_r > I_{oh}$$

$$U_0 > U_{oh}$$

$$\varphi_0 - \Delta\varphi < \varphi < \varphi_0 + \Delta\varphi$$

式中　I_{oh}——启动电流；

I_r——故障线路上的继电器感受到的故障电流；

U_0——零序电压；

U_{0h}——启动电压；

φ_0——相角补偿。

$$\begin{cases}\varphi_0 = 90°，中性点不接地系统\\ \varphi_0 = 0°，经消弧线圈接地系统\end{cases}$$

故障馈线 j 继电器感受到的接地故障电流为

$$I_r = \frac{C - C_j}{C} I_f \tag{8-11}$$

式中　C——具有电气连接的电网的每相接地电容；

C_j——故障馈线的每相接地电容；

I_f——接地故障电流。

由接地故障的故障电阻 R_f，根据式（8-12）得到接地故障电流，即

$$I_f = \frac{3\omega C}{\sqrt{1 + (3\omega C R_f)^2}} U_V \tag{8-12}$$

式中　U_V——相电压。

零序电压为

$$U_0 = \frac{U_v}{\sqrt{1 + (3\omega C R_f)^2}} \tag{8-13}$$

首先，确定每相的接地电容，如表 8-6 所示。

表 8-6 每相的接地电容

馈线	C_j(nF)
1	480
2	3200
3	4800
4	160

(1) 电流整定。根据可能的最恶劣情况，计算整定电流值，即只考虑连接有故障馈线和馈线 4。选择馈线 4 是因为其接地电容最低，因此由接地故障引起的通过总加电流互感器的故障电流可能最低。

馈线 1 和馈线 4 连接在一起时，进行馈线 1 电流整定。

$$C = (480 + 160)\text{nF} = 640\text{nF}$$

$$I_{f1,4} = \frac{3\omega \times 640 \times 10^{-9}}{\sqrt{1 + (3\omega \times 640 \times 10^{-9} \times 500)^2}} \times \frac{20\ 000}{\sqrt{3}}\text{A} = 6.7\text{A}$$

$$I_{r1} = \frac{160}{640} \times 6.7\text{ A} = 1.7\text{A}$$

$$I_{r4} = \frac{480}{640} \times 6.7\text{ A} = 5.0\text{A}$$

馈线 2 和馈线 4 连接在一起时，进行馈线 2 电流整定。

$$C = (160 + 3200)\text{nF} = 3360\text{nF}$$

$$I_{f2,4} = 19.5\text{A}$$

$$I_{r2} = \frac{160}{3360} \cdot 19.5\text{ A} = 0.93\text{A}$$

馈线 3 和馈线 4 连接在一起时，进行馈线 3 电流整定。

$$C = 4960\text{nF}$$

$$I_{f3,4} = 21.2\text{A}$$

$$I_{r3} = \frac{160}{4960} \times 21.2\text{ A} = 0.68\text{A}$$

（2）零序电压。当所有馈线连接在电网上时，零序电压最低。下面继续考虑故障电阻 500Ω 的接地故障情况。

$$C = 8640\text{nF}$$

$$U_0 = \frac{1}{\sqrt{1+(3\omega \times 8640 \times 10^{-9} \times 500)^2}} \times \frac{20}{\sqrt{3}}\ \text{kV} = 2.76\ \text{kV} \hat{\approx} 24\%$$

继电器整定值可以从表 8-7 中选择。

表 8-7　　继电器整定值

馈线	I_{oh}（A）	U_{oh}	φ_0（°）
1	1.5	20%	90
2	0.5	20%	90
3	0.5	20%	90
4	1.5	20%	90

如果只连接一根馈线，通过总加电流互感器测量到的电流为零。如果这种接通状况是可能的，保护装置必须使用测量零序电压的过流继电器，继电器将同时作为接地故障监测设备。这种继电器整定值可以选择为 20%。保护装置在故障电阻大于 500Ω 的接地故障时也应该动作。这要求整定值比上述值小。电网的固有不对称性将决定整定值的下限。

8.2.3.1　高故障阻抗的接地故障

电网中，有些情况下发生接地阻抗较大的接地故障，例如，架空线掉到地上，枯树倚靠在线路上，或接地故障发生在负荷侧（架空线断裂，导线首端悬在空中及另一端掉在地上），在这些情况中，故障电阻一般为 10~100kΩ，用常规的方向继电器检测不到故障。这类故障已成为大量研究的对象，市场上现在还没有有效的产品。由于这类故障没有有效的检测方法，因此在暴风后必须要检查架空线。这对绝缘架空线的使用多少有些约束。

8.2.3.2　双重接地故障

在双重接地故障中，有两相同时发生接地故障，接地点之间的距离可能很远。作为故障的一种类型，双重接地类似于双短路，一部分故障电流通过大地。故障电流通常很高，具有短路电流的幅值，但很难确切计算。在大地中，故障电流选择导电性高的路径（水管、通信电缆护套等）。特别值得注意的是，如果大地导电性很低（例如岩石地带），故障电流流到电缆护套上时可能会引起损坏。例如通信电缆护套中的大电流会引起电缆热效应，电缆护套附近电压也可能明显上升（电压由电流经过护套阻抗引起），并在电缆护套和导线间引起故障。因此，配电网的双重接地故障是一种值得关注的故障。

短路保护通常在双重接地故障时跳闸，因为故障电流足以激活保护动作。导致双重接地故障的典型情况是先由普通的单相接地故障开始，然后由接地故障引起非故障相电压上升，可能导致过电压保护误动作，因此产生双重接地故障。对于双重接地故障及其不良影响，可以由接地故障保护的快速可靠动作和保持过电压保护处于电网中来减少。

8.3 低压网络保护

在低压电网的保护中，除了保护电网设备之外，有效限制人身危害和火灾风险也很重要。在实际中，这意味着熔断器保护加上足够的接地。首先，接地的目的是对危险接触电压起到等电位连接设备的功能。例如发生于配电变电站火花间隙中的中压电网接地故障，在低压电网的 PEN 导线中各处都会引起了接地电压幅值。如果低压电网和终端用户没有正确接地，用户可能暴露于危险的接触电压下，例如在电力设备的接地壳与大地之间。如果正确接地，用户周围的接地电势将上升为接地电压，不会产生危险的接触电压。

在低压电网中，对架空集束线、地下电缆和联络线的保护设计原则多少有些不同。

8.3.1 低压网络接地配置

在芬兰，低压电网实施 TN-C 系统，其中性点和保护 PEN 导线连接在一起。在该系统中，用户连接处的接地配置必须满足芬兰的电气安全标准。配电网的 PEN 导线必须在电源点（变压器或发电机）接地，或每隔 200m 重复接地。此外，200m 或以上的线路和分支线必须在末端或最多 200m 处接地。对架空集束线，为保证过电压保护，推荐接地配置间距为 500m。如果条件容许，接地导体的阻抗应该低于 100Ω。如果超过这个值，必须依照较差接地情况的要求安排运行方式。在较差的接地情况中，每个支路必须单独安排接地。

如果所有客户的接地连接都遵循规定，超过 200m 的支路也可以不用间隔接地。然而，并不推荐这样做，因为不能完全证明所有客户的接地连接都是恰当的。图 8-16 所示为供电区的接地配置实施示例。

如果供电区只有一条馈线，除了在配电变电站接地外，低压电网也必须接地。否则如果配电变电站的接地导线损坏了，低压电网可能就没有接地了。

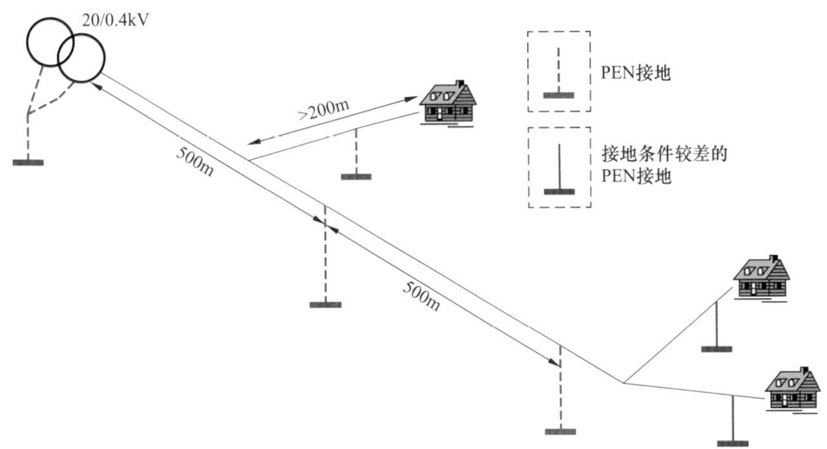

图 8-16 正常接地情况和较差接地情况下的低压电网接地示意图

8.3.2 过载保护

在配电网中，地下电缆、裸导线和自熄灭导线不需要过载保护。架空集束线则必须有过流保护。

地下电缆电网装置通常是防火的，因此不需要过流保护。只有进户线可能需要更好的保护。在这些情况下低压电缆保护通过使用表 8-8 中的熔断器实施，电缆的热稳定容量限值在没有失效风险情况下得到充分的利用。

表 8-8 当使用 gG 型熔断器时过载保护的最大额定电流 (A)

电缆 (mm^2)	接进户线		主干线的熔断器
	用户主熔断器	接进户线的短路熔断器	
地下电缆 4×25	80	160	100
地下电缆 4×35	100	250	125
地下电缆 4×50	125	315	125
地下电缆 4×70	125	400	160
地下电缆 4×95	160	500	200
地下电缆 4×120	200	630	250
地下电缆 4×150	200	630	250
地下电缆 4×185	250	800	315

续表

电　缆(mm²)	接进户线		主干线的熔断器
	用户主熔断器	接进户线的短路熔断器	
地下电缆 4×240	315	1000	400
四芯电缆 3×25/16	80	160	100
四芯电缆 3×35/16	80	200	125

架空集束线的过流保护 gG 型熔断器在不同温度下的额定电流列于表 8-9。

表 8-9　　gG 熔断器作为架空集束线的过载保护在不同环境温度下的最大电流　　(A)

架空集束线(mm²)	环　境　温　度		
	20℃	25℃	40℃
3×16+25	63	50	50
3×25+35	80	63	63
3×35+50	100	80	80
3×50+70	125	100	100
3×70+95	160	125	125
3×120+95	200	200	160

线路末端的熔断器同样可以作为架空集束线的过载保护。在这种情况下，接进户线的主熔断器可以用作过载保护，熔断器的额定电流不能超过导线的热稳定容量限值。图 8-18 给出了实施过载保护和短路保护的例子。

8.3.3　短路保护

低压电网中，在最小单相短路电流的情况下，必须在规定时间内自动切断电源。短路电流必须足以使熔断器快速熔断。

通过式（8-14）可以计算单相短路电流，即

$$I_{k1v}=\frac{3U_v}{\sqrt{[2R_m+R_{m0}+3l(r_j+r_0)]^2+[2X_m+X_{m0}+l(2x_j+x_{j0}+3x_0)]^2}} \tag{8-14}$$

式中　U_v——相电压；

r_j——相导线电阻；

x_j——相导线电抗；

R_m——变压器短路电阻；

X_m——变压器短路电抗；

R_{m0}——变压器零序电阻；

x_{j0}——相导线零序电抗；

r_0——中性线电阻；

x_0——中性线电抗；

X_{m0}——变压器零序电抗；

l——线路长度。

已知短路电流后，可以从图中查出熔断器的动作时间。图 8-17 给出了一种常用于配电网保护的系列 gG 熔断器动作曲线。这种手柄式的熔断器经常用在配电网保护中。在电网中通过比下级熔断器额定电流大一级的熔断器来实现保护选择性。

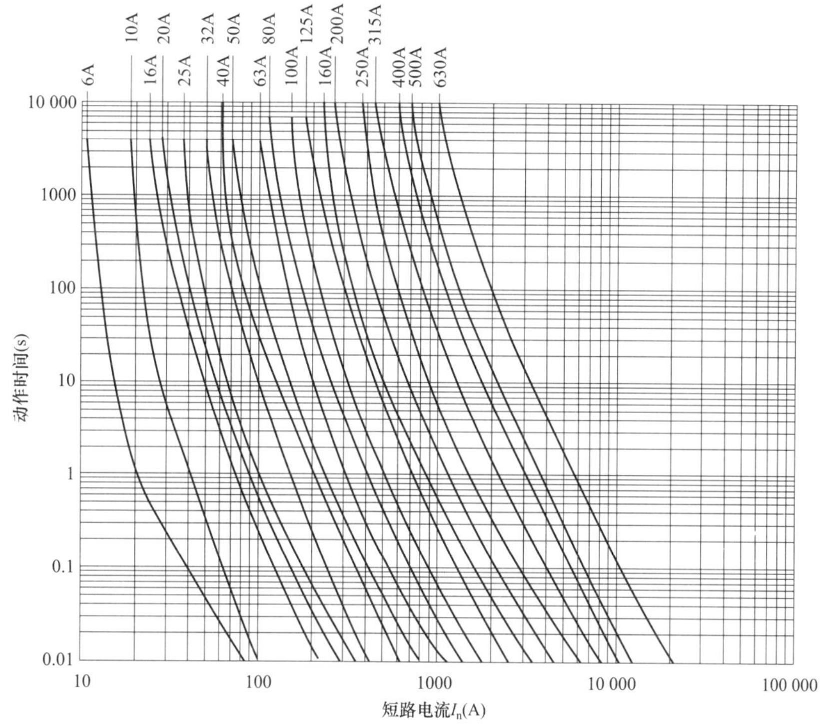

图 8-17　一组 gG 熔断器的动作时间和电流函数

在一般情况下，低压电网的短路必须要在5s内断开。在配电企业的配电网中，系统运营商也可能决定允许更长的开断时间，但动作时间不容许超过15s。表8-10给出了电网的最小短路电流和执行自动开断的额定电流I_N的关系。在这些比值的情况下，断开时间可能超过5s，但是并不保障导线特别是电缆的热电阻足够。如果不能保证表8-10中的数值，故障期间的接地电压不能超过75V。

表8-10　　配电电网gG熔断器自动熔断最小短路电流

过流保护	最小单相短路电流
gG型熔断器 $I_N \leq 63A$	$2.5I_N$
gG型熔断器 $I_N > 63A$	$3.0I_N$

很多配网企业采用低压电网单相短路电流的最小要求为250A，该要求符合芬兰电气安全标准。在这种情况下，不但保护具有快速性，电压波形也好。

8.3.3.1　新客户连接到现有配电网时的主熔断器

企业内部电网短路时，必须快速动作排除故障。这要求在连接点处的短路电流足以满足企业的主熔断器。电气安全法规对现有和新建的连接规定了各种要求。当新客户连接到配电企业的现有电网（之前建成）时，可以根据表8-11基于最小单相短路电流的方式选择主熔断器，基本要求是熔断器动作时间小于5s。现有配电网是指现有供电分区，而不同于完全新建的低压电网和配电变电站。

表8-11　　最小短路电流与主熔断器额定电流之比

客户连接点的主熔断器	最小单相短路电流
gG型熔断器 $I_N \leq 63A$	$3.5I_N$
gG型熔断器 $I_N > 63A$	$4.5I_N$

8.3.3.2　接户线保护

在规划熔断器保护时，进户线是指从主干线接出而为客户连接供电的单独支路。进户线不再有任何支路，并且必须直接从主干线接出而供电客户。由客户所有和建立的进户线是客户的配电柜与配电网之间的线路连接部分，但这部分必须由系统运营商进行技术设计。

如果为其连接供电的线路由配电网的短路保护装置保护，发生在进户线首端的短路动作时间最大为5s，进户线的主熔断器可提供足够的过载保护，配电网的过流熔断器可提供足够的短路保护。使用表8-10中的额定值，短路保护的动作时间可能超过5s。在这种情况下，必须满足下列要求：

(1) 进户线的铜制导线的截面最小为10mm^2，或者铝制导线的截面最小为

$16mm^2$，并且通过进户线的主熔断器作为线路末端的过载保护。

（2）导引线必须使用强度为 4 级的导管，除非墙体结构是防火的（例如砖体或者混凝土）。进户线电缆必须被保护以应对机械应力。

（3）在建筑物内，进户线电缆的安装必须是防火的，并且不能与其他电缆接触。

（4）在外墙上和建筑物内部，进户线电缆的长度必须限制在最小范围内。

表 8-12 和表 8-13 给出了地下电缆和架空集束线作为进户线使用时的短路保护熔断器的最大容许电流。表 8-13 中的 15s 动作时间是从图 8-17 的曲线中得到的。按照这些条件设计的进户线在发生短路之后必须进行检查。

表 8-12　当表 8-9 中的短路电流最大动作时间为 15s 时地下电缆进户线的短路保护的最大容许额定电流

电缆截面（mm^2）		gG 型熔断器最大容许额定电流（A）
铜	铝	
6*	10*	80
10*	16*	125
16	25	160
25	35	200

* 这些截面只用于以往的配电网中。

表 8-13　使用架空集束线实施进户线或接户线支路的短路保护的最大容许额定电流

架空集束线（mm^2）	gG 型熔断器的最大容许额定电流（A）	
	熔断器不满足 15s 条件	熔断器满足 15s 条件
3×16+25*	80	125
3×25+35	100	160
3×35+50	160	200
3×50+75	200	250
3×70+95	250	315
3×95+95	315	400
3×120+95	400	500

* 这个截面只用于以往的配电网中。

8.3.4　架空集束线网络熔断器保护案例

本案例展示了一个架空集束线网络中的熔断器保护的实施原则。图 8-18 显示了该电网的熔断器保护，假定峰值动作时温度为20℃，客户连接点的额定功率和熔断器在下面给出。导线截面已经在7.6.2节中给出，使用年限为35年，且负荷增长率为1%/a。

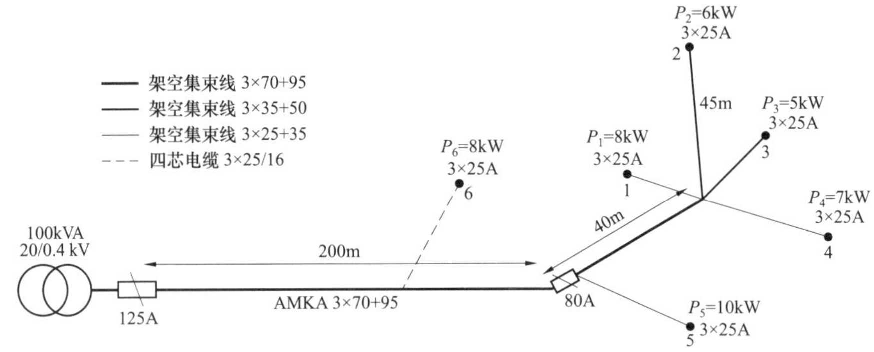

图8-18　架空集束线电网的熔断器保护示意图

在规划期末，低压馈线的额定功率为62kW，相应的负荷电流为94A。现在，算上误差，可以选择额定电流 $I_N=125A$ 的熔断器作为主干线的过载保护，见表8-9。最低单相短路电流发生在连接2处，根据式（8-14）得到其幅值 $I_{k1v}=$ 592A。为架空集束线3×70+95电缆选择125A的熔断器同样适用于自动断开电源，因为其满足了表8-10的 $I_{k1v}\geqslant 3I_N$ 的要求。根据图8-17，电流592A时，上述125A gG型熔断器动作时间不到3s。

连接1~5的主熔断器额定电流之和为125A，超过了架空集束线35mm²的最大热稳定容量限值，因此，必须使用最大100A的中间熔断器，见表8-9。在规划期末时，中间熔断器在电网下游部分的最大负荷电流大概为77A，因此可以选择80A的熔断器，这样也满足了选择性动作的条件。另外，电网的过流保护是通过接进户线的主熔断器和低压馈线的熔断器实现的，因为配电网的125A熔断器将在不到5s的时间内熔断。由于短路容许容量（见表8-12和表8-13），主干线的125A熔断器限制为接户线的截面至少为16mm²铝线和10mm²铜线。

基于以上分析，架空集束电网熔断器保护的设计可以分为以下几个步骤：

（1）为主干线选择熔断器。考虑到负载增长，熔断器容量要大于最大负荷电流，并且小于表8-9中给出的值。

（2）计算主干线的最小单相短路电流。必须满足表8-10的条件和250A（180A）的短路电流条件。如果没有满足这些条件，必须加强电网，主网熔断器必须更小，或者必须使用中间熔断器。

（3）检查接户线的热稳定容量限值和主干线使用更小横截面的可能。如果有必要，必须使用中间熔断器或加强主网。

（4）作为进户线短路保护的熔断器，不能超过表 8-12 和表 8-13 给出的值。如果有必要，必须加强进户线，或者安装合适的中间熔断器。

8.3.5　地下电缆网熔断器保护案例

在城市地区，低压电网几乎都建成地下电缆电网。图 8-19 显示了一个典型的独栋住宅区的地下电缆电网。该区建筑几乎都已建成，预期未来 10 年中负荷增长率为 3%/a。所有接户线的主熔断器为 3×25A，低压馈线的初始最大功率为：$P_{JK1}=24kW$、$P_{JK2}=37kW$、$P_{JK3}=78kW$，依照 10 年间负荷增长率为 3%/a 的条件选择导线的经济技术截面。有一个例外是为该区域西北角可能建设的并联排房子供电的 JK1 馈线选择了截面 185mm^{2}地下电缆。

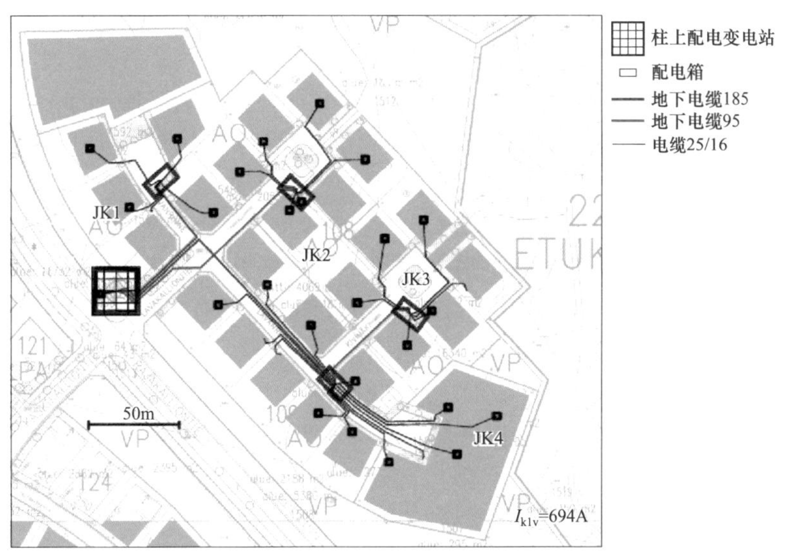

图 8-19　独栋住宅区地下电缆电网示意图

地下电缆电网的熔断器保护与架空集束线电网略有不同。一个区别是在配电柜中使用中间熔断器。经常在配电柜中实现环网连接，以便在故障时可以切换到其他线路供电。为了在没有失效风险的情况下充分利用电缆的热稳定容量限值，熔断器保护配置必须考虑备用供电的情况。

为主干线选择熔断器。JK3 供电主干线的最大负荷电流大概为 120A。考虑到负荷增长，第 10 年的最大电流大概为 161A。根据表 8-8，主干线 185mm^{2}地下电缆的熔断器额定电流可能为 315A，但是由于负荷电流小，可以为馈线 JK3 选择 200A 的熔断器。对馈线 JK2，算上负载增长之后的负荷电流大约为 75A，并且

95mm^{2}地下电缆的最大容许熔断器为200A。从而，馈线JK2的熔断器额定电流可以为100A。馈线JK1上的负载最初很小，但是可能在该区域西北角建造一座联排房子。因此，算上可能的负载增长，如选择200A的熔断器，因为馈线的最低短路电流 $I_{k1v}=1268A$，对于熔断器足够了。

在配电柜中每个进户线具有一个中间继电器，四芯电缆3×25+16的熔断器最大额定电流为160A。然而选择这么大的中间熔断器并不合理，因为客户连接处的主熔断器的额定电流只有25A，在所有配电柜使用63A的中间熔断器，满足选择性、过载和短路保护的要求。如果主干线经由配电柜供电，也将具有它自己的中间熔断器作为过流保护。在低压馈线JK3和JK4有一段95mm^{2}地下电缆主干线，可以为其选择100A的中间熔断器，放置于JK3上。现在我们可能为JK4连接供电的线路选择63A的熔断器；这些熔断器满足选择性条件。

最后，检查满足自动断开电源的要求。可以在馈线JK3的最远客户处计算电网最小短路电流，其幅值为694A。通过JK3的63A中间熔断器满足表8-10中列出的自动断开电源的条件。由于我们为其他配电柜也选择了相似的63A中间熔断器，并且电网中其他地方的短路电流更高，自动断开电源的要求不会有任何问题。

基于以上，低压电缆电网熔断器保护装置的设计可以分为以下几步：

（1）为主干线选择熔断器。熔断器容量要大于计及负载增长的最大负荷电流，小于表8-8中给出的数值。还有故障情况下的环状连接可能会有影响。

（2）为配电柜决定适当的中间熔断器来保护电缆以应对过载，针对选择熔断器容量，同时也要考虑到可能的备用供电情况。

（3）配电柜的中间熔断器保证使用常见导线截面的短路和过载保护。

（4）检查选择的中间熔断器满足自动断开电源的要求。最小单相短路电流必须符合表8-10的要求，或至少为250A。

9 基于资产管理原则的发展规划和运营模式

配电企业配电网的网络价值巨大且使用年限很长。资产管理（asset management）是指配电网发展、维护和运行所依据的相关原则和运营模式。资产管理包括配电网的发展规划、配电网的维护和运行三大功能，如图 9-1 所示。

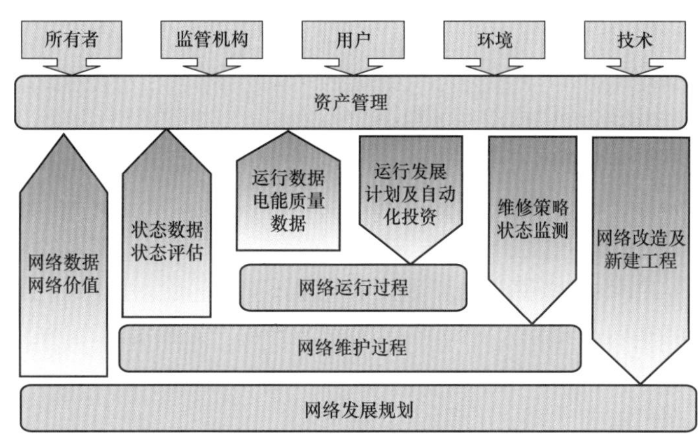

图 9-1　资产管理主要功能

网络发展规划的目标是在满足边界条件下使总费用最小化，与此同时，使网络资本收益最大化。在第 4 章、第 6 章和第 7 章中已经对此问题进行了详细的讨论，本章将介绍配电网长期发展的原则。

网络维护的目标是保持配电网的工作秩序。维护工作对配电网设备的经济技术使用年限也有一定的影响。维护工作可以根据不同的原则实施，其重点主要是预防性措施，极端情况下的重点是补救性措施。

网络运行是指网络的日常运行，其目标是使可靠性最大化及损耗最小化。运行时，信息系统和数据转换具有核心作用。

9.1 配电网长期发展过程

配电网的长期发展基于网络发展策略及其实际实施的说明性文字。与网络发展策略有关的问题已经在第4~7章中描述过了。网络发展策略的定义和说明包括以下几项：

(1) 运营环境中的总体发展因素。

1) 技术发展（除了网络技术之外）；

2) 客户需求，监管条例；

3) 环境因素；

4) 负荷发展。

(2) 确定指导规划的计算参数和网络发展基本原则。

1) 计算中所用参数的量值；

2) 规划原则：

a. 可靠性的目标水平；

b. 中性点接地方式；

c. 配电网中的各种电压等级；

d. 配电网采用的网络结构、设备系列及自动化方案。

(3) 网络的机械强度及电气技术的当前状态。

(4) 未来10~20年的主干网络发展计划。

1) 110kV和45kV线路的更新和更换过程；

2) 主变电站的新建；

3) 主变电站的改造；

4) 中压网络的主干线。

由于网络的使用年限很长，长达几十年。因此，外部的发展因素会显著影响配电网长期发展所采用的原则和方法。

负荷增长对于配电网发展起着至关重要的作用。配电企业的一项工作就是预测未来15~30年的负荷变化。负荷预测的过程已经在4.4节讨论过了。配电企业至少应该在主变电站层级上预测负荷的变化趋势，如果能够预测中压网络馈线的负载水平则更好。这样就可以更精确地评价配电网的发展计划和不同方案。

配电网需要对未来的客户需求和监管发展有一个清晰的认识。与停电有关的边界条件以及经济惩罚问题，对于配电网的长期发展需求有重要的影响。对于几乎不中断的供电需求，或者至少不造成长时间停电的需求正在不断增加。因此，对于不同的可靠性要求，配电企业应该具有不同的发展方案。

计算参数对于涉及费用的计算影响很大。计算参数的选择方法已经在第 4 章讨论过了。在配电网发展规划过程中，计算参数的数值必须确定下来并进行文档化。

9.1.1　配电网现状分析

尽可能详尽地了解配电网目前的性能和供电能力，对于网络发展有诸多好处。数值计算与测量结果可以提供有关网络容量的信息，由此可以很容易地计算出负荷增长的影响。应用适当的可靠性统计方法，可以确定不同区域的线路失效率。实际的统计数据是进行可靠性投资计算的良好起点。

在发展规划中，关于线路的机械结构及状态的信息十分重要。如果电线杆及其结构的机械强度不足，那么就有可能需要更换整个线路的导线。另外，如果跨度与横担结构不适合大截面的导线，那么更换导线的费用将比常规情况要多。这又反过来将影响改造方案和已选方法的经济可行性。

下面将介绍描述配电网当前状态的核心问题和参数，并讨论其相关的方法。通过采用配电网信息数据库中的数据和应用程序，可以得到以下大多数的计算结果。

（1）电压降。电压降会影响客户端、中压网络以及配电变电站高压侧电压的质量。在配电网从电源点获取的功率为峰荷的基础上，进行电压降计算，计算结果将给出各节点的电压和每段线路的电压降。因此，也可以确定主要由哪些线路影响了电压降。

（2）电压弹性。即电压刚性的反面，是指当功率增加一定数量后以百分数形式表示的电压降增量（%/MW）。如果已知电压弹性，那么就有可能预测出新增客户对线路电压降所造成的影响，或据于电压弹性水平预测出可增加的功率。电压弹性大也意味着快速电压波动的可能。了解电压弹性，有助于评估不同的供电区划分方案。

（3）线路负载水平。可以与其容许载荷水平进行比较，从而防止电缆受损。另一方面，计算结果可以用于找出昂贵的“容量过大”的网络部分，并且可以获悉规划中可能出现的错误，也可以检查出负载电流可能超过其开断能力的开关。

（4）功率和电能损耗。即使是设计良好的线路，单位线长的功率和电能的损耗值也是非常大的。损耗与基于客户投诉的电网监测措施无关。在采用系统性网络计算之前，如果对功率损耗的监控不足，那么最高损耗往往出现在大截面线路的主干线处。如果由更换导线所省下来的损耗费用大于更换导线的年金费用，那么从经济方面考虑更换导线就是明智的选择。

(5) 短路电流水平。将短路电流水平与导线的短路承受能力相比较，这可以在信息系统的内部程序中进行。通过这种方式，可以找出有问题的线段。这种线段经常位于新的电源点附近。为了使改造措施覆盖到足够大的区域范围，也必须检查改造之后的短路电流水平。通常情况下，重新设定继电器的动作时间，甚至是更换新的保护，可能都比更换导线便宜。为了设置保护，就有必要计算两相短路电流的最低值和流过每个断路器的最大负荷电流。

(6) 接地故障电流。须知接地故障电流水平，以确定保护的整定和接地电阻的参考值。

(7) 停电损失费用以及各种可靠性指标。可以通过中压网络的可靠性计算和统计数据计算获取。在一些特别大的区域，必须考虑一些提高可靠性的特定措施。例如，清理线路路径是一种减少故障的方法，而采用新的环状备用连接可以缩短停电时间。

9.1.2 可选用的技术和方案

通过当前的网络状态和应用负荷预测结果的分析，可使规划人员清晰了解网络的重要薄弱环节和发展需求。在分析配电网当前状态的基础上，可以初步制订不同的网络发展方案。网络发展可以采用不同的技术和不同的模式。针对给定情况，不可能事先确定哪些可选方案及其组合能够提供最好的经济技术发展方案。要找到好的解决方法，首先可以形成几种不同的可选方案，接着，选择其中经济性最好的方案作为行动计划的依据。

例如，新建主变电站的选址定容是一个艰巨任务。在人口稠密的地区，主变电站和线路的所需空间应该是事先在城市规划中解决的问题。实际上，最优站址只能从少数几个可选地点中选出，或者对现有主变电站进行扩建。而在农村地区，与110kV电网的距离对主变电站选址的影响最大。因此，这些问题必须在发展规划方案中考虑。关键的技术问题，例如主变电站的母线系统和主变压器数量及容量，对投资费用有着重要及直接的影响，但也间接影响配电网投资成本。众所周知，这些因素也影响了供电可靠性、短路电流和接地故障电流。

在制订详尽的实际发展方案之前，需要决定用于配电网发展的方法和技术。第6章介绍了各种发展措施。关键的策略性决策包括：1kV配电电压、轻型的110kV线路、110/20kV主变电站、柱上开关以及在农村地区大量使用地下电缆。为了支持决策过程，可以为大型示范地区编制各种可选的发展方案。图9-2列举了一个大型示范地区的配电网地图和一些参数。假定用电量是平稳增长的，约为1%/a。那么，负荷增长并不是配电网发展方案中的最重要的决定性因素。指导发展方案的关键因素是，老化网络的更新需求和可靠性的逐步增长。图9-3列举了示范区域一些可选方案的结果。

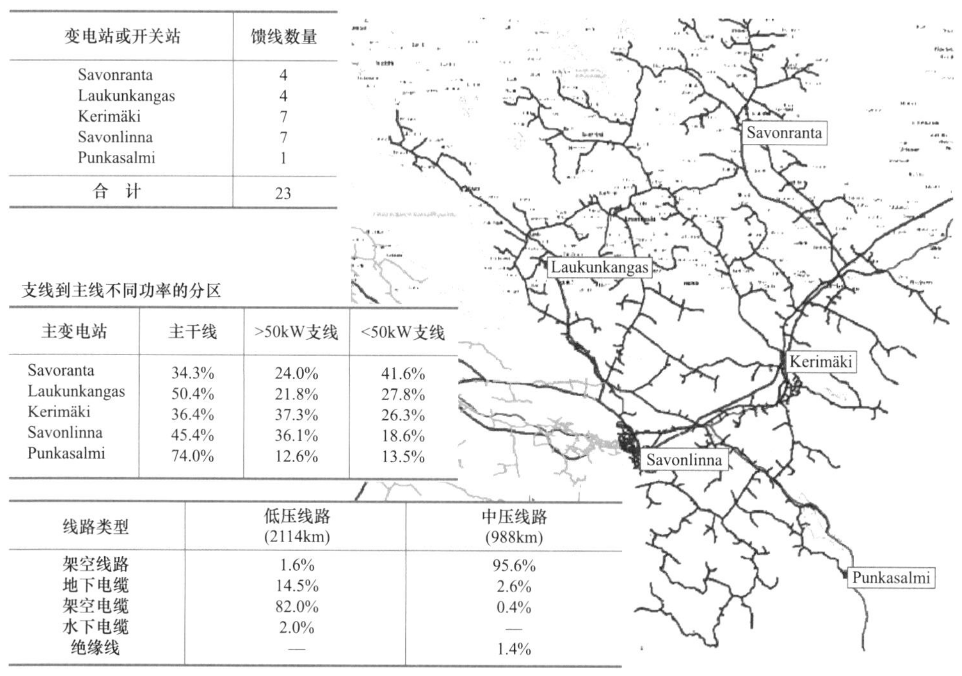

变电站或开关站	馈线数量
Savonranta	4
Laukunkangas	4
Kerimäki	7
Savonlinna	7
Punkasalmi	1
合　计	23

支线到主线不同功率的分区

主变电站	主干线	>50kW支线	<50kW支线
Savoranta	34.3%	24.0%	41.6%
Laukunkangas	50.4%	21.8%	27.8%
Kerimäki	36.4%	37.3%	26.3%
Savonlinna	45.4%	36.1%	18.6%
Punkasalmi	74.0%	12.6%	13.5%

线路类型	低压线路 (2114km)	中压线路 (988km)
架空线路	1.6%	95.6%
地下电缆	14.5%	2.6%
架空电缆	82.0%	0.4%
水下电缆	2.0%	—
绝缘线	—	1.4%

图 9-2　农村配电网当前参数

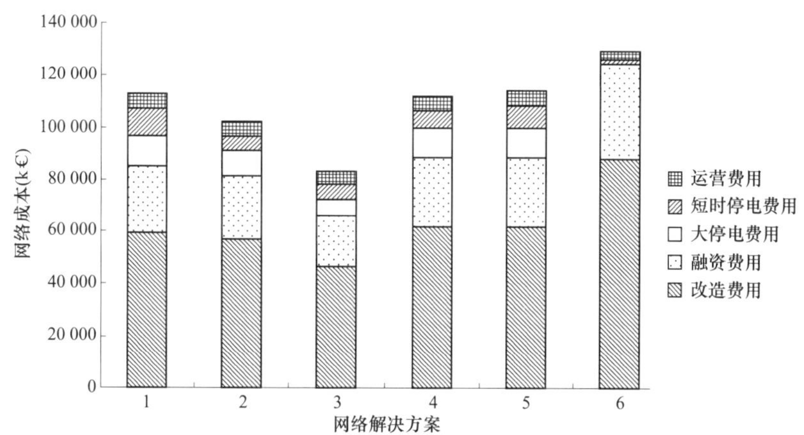

图 9-3　使用年限为 40 年、投资期限 40 年的不同网络解决方案总费用示意图

图 9-3 列举了各种网络可选方案的结果。假定现有网络转变到目标网络的过程在 40 年内匀速进行。

(1)现有配电网;

(2)对中压网络进行优化;

(3)优化整个配电网(中压网络和低压网络);

(4)将现有配电网的 SAIFI 减半;

(5)将现有配电网 SAIFI 最高区域的故障次数减半;

(6)完全的地下电缆网络。

一个优化的配电网方案包括一些要素，例如采用小型主变电站，在可能的地方应用 1kV 电压等级，将中压线路转到路边，中压网络几乎完全地下电缆化等。基于这个例子的结果，采用小型主变电站和 1kV 配电电压作为发展措施似乎是合理的。同样的，所节省的投资费用和停电损失费用可以证明，采用直埋式进行低压网络敷设是合理的。相反的，根据计算可知，中压网络全面地下电缆的方案在经济性方面经证明是不合理的。如果计算结果表明，停电损失费用所占的比例比其他费用项目所占的比例更高，那么情况将迅速发生变化，即有利于采用地下电缆。

图 9-3 所列举的示例是有用的，例如可以应用于决定配电网发展的基本原则。当不同的利益团体进行讨论时，也可以利用这些结果。例如，了解电缆网络由于几乎不会遭受事故而对费用所产生的影响，可以为配电网运行人员与客户之间的讨论提供一个良好基础。

9.1.3 配电网长期发展规划

利用基本的网络解决发展方案，可以描述出配电网长期发展方案。例如图 9-2 所示的区域，其主要目标为:

(1)在 2~4 年内，在区域内要建 2 个小型 110/20kV 主变电站。

(2)在未来 20 年中，将 60% 的中压线路(600km)转移到路边。

(3)将 30%(300km)的轻载分支线(功率低于 50kW)改造为 1kV 的配电电压等级。

(4)更新低压配电网时，尽可能采用直埋式的地下电缆。这个地区的 80% 线路可以满足直埋式敷设电缆的要求。

通过以上的这些措施，配电网的总费用(改造费用)将会大幅度降低。目前的改造投资是 5900 万欧元，而目标配电网的费用则是 4700 万欧元。通过直埋敷设地下电缆可以降低低压网络的费用，同时这也是改造投资费用降低的主要原因。

在上述的目标配电网中，中压网络和低压网络并不采用地下电缆，17% 的网络采用架空集束线。如果中压网络和低压网络完全由地下电缆构成，而不是用架空线，网络投资费用将会大幅度上升。按照目前的价格，网络的改造费用将为8800万欧元。考虑到现在的融资成本大约为35%，这就需要大大提高配电价。完全的地下电缆网络的好处是，可以避免发生严重事故，即使是在最恶劣的天气情况下，也不会产生大范围、持久的电力用户停电。

9.1.4　配电网的规划、计划及优先级

在定义单一投资决策及其所构成的投资计划中，最重要的是，配电网经济发展的计划表和结构按如下方式进行：电能质量和安全保持在一个可接受的水平上，投资实体要做成足够大，用新导线更换达到使用年限的导线。如果对未来的各种发展计划没有清晰的认识，就难以绘制出逐年的投资计划。

配电网发展的分年度投资资源是有限的。因此，按优先级制定目标是明智的。情况需要时当然可以变更。按优先级制定目标是要求很高的任务，其中各种评估方法和基于目标的配电网发展模式具有核心作用。这份比较列表包括了考虑不同电压等级的措施。由于改造原因是不同的，因此对它们进行相应的比较是非常困难的任务。

如果负荷增量非常小，那么越来越多的网络更新原因就会是因为设备已到其技术寿命的期限。通过配电网中不同设备、设备组的数量及其平均使用年限，可以估算每一年所需的更换投资额。这样就能够避免在短时间内累积大量投资的情况。

使配电网运营满足法律和法规的要求是一个重要的目标。这些要求经常和安全问题有关。这些安全问题涉及中压网络的短路承受能力和低压网络的直接接触保护的有关规定。通常这种“责任性”的投资也能整体改善配电能力。即使更新的主要原因并不是为了提高经济性，但因此所节约的费用可以弥补其一部分投资费用。

例如，当需要更换受损电线杆时，也可以同时把线路移到路边，这样可以方便和加速修复工作，并可提高配电可靠性。更换电线杆的另一方案是采用地下电缆。施行有关直接接触保护的规程通常也至少可以提高电压刚性。

当对中低压网络的不同改造措施进行比较时，经常可以看到，通过中压网络的改造可能会影响一大群电力用户。这种情况的先决条件自然是，在实施措施的地方，初始的电压降或可靠性很差，而通过计划的措施可得到大幅度地提高。

可用劳动力资源（配电企业本身和外部服务供应商）会影响工作任务的优先顺序。应将不太紧急的工作安排在对劳动力资源的需求较轻的时候。

如果系统改造的目的是广泛地转换为地下电缆网络，那就特别需要强调系统的、面向目标的投资规划方法的重要性。在这种情况下，与传统的架空网络相

比，需要考虑很多新的问题。怎样安排主干线和分支线的备用电源连接？采用什么样的中压电缆安装方法？分支处采用什么样的设备？电缆网络采用到什么样的配电变电站？电缆技术进一步的价格发展会是怎样的？怎么安置接地故障补偿？如果农村的中压网络大量采用地下电缆，那么配电企业将不得不考虑上述所有问题。在瑞典，广泛采用地下电缆处于起步阶段，已经或者正在开发许多新技术。图 9-4 为适用于地下电缆网络的一种新型配电变电站配置。

图 9-4　地下电缆网络的一种新型配电变电站的配置图例

9.1.4.1　配电网规划的全面性和多样性

通常，配电网规划的目标是尽可能清晰地确定规划任务。例如，在低压网络规划中，中压网络所起的作用很小。因此，可以简化低压网络的规划任务及其准则。

然而，规划需要遍及所有电压等级，如图 9-5 所示。110kV 区域电网、主变电站和中压网络之间有一个清晰的互联关系。类似的，特别是在采用 1kV 配电电压等级情况下，要考虑中压网络和低压网络之间的相互影响。

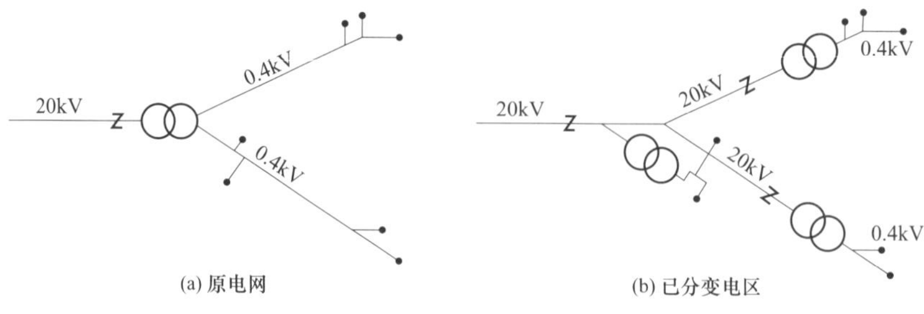

图 9-5　供电区域的划分

例如，当低压网络负荷增加时，最终会面临一种情况：或者需要重新划分变电区，或者需要加强低压网络。

在供电区域的划分中，一部分低压上的电力传输需求转移到中压上，由此提高该级的供电能力。在更高电压等级上的一个可能措施是，新建一个 110/20kV 主变电站。现在的问题是，如何划分中压网络以及如何把电力传输需求转移到更高电压等级。另外一个方法是，更新导体以加强线路，这通常包括采用更高容量的主变压器。

规划新负荷点与网络的连接时，也会出现类似的选择情形。低压客户可以就近连在低压线路上，也可以连在中压网络上。选择后者方案意味着需要新建配电变电站。这个解决方案取决于所需的线路长度和负荷大小。

对电压水平变化范围的限制也对这两个电压等级网络的短路电流产生影响。新建电源点会增加配电网低压侧的短路电流，尤其是在配电变压器附近。另一方面，有选择地增加配电变压器单元容量将会导致更高的短路电流，但这仅仅停留在配电变压器的影响范围内。新建电源点将会减少中压网络的接地故障电流，因为电气连接的线路长度和相应的对地电容都减少。

在深化和精细化规划过程时必须牢记，每一个规划任务都是独特的、复杂的。重复使用同一原则的解决方案并不一定会产生具有长期效应的理想结果。例如，把相似的客户（甚至相似的客户设备）整合到同一相线路，将会引起显著的负荷不平衡。

配电网规划问题的另一个情况是，与供电区域改造的创新方法选择有关。如果电力行业（配电企业）经常采用通过划分配电区域的传统方式来解决问题，那么企业很快会面临一种情形是，各种方案的严格比较经常会导致选择改造方式，反之亦然。

例如，对于图 9-6 所示的一个新建区域的客户，可以通过数以千计的不同方法连接到配电网，其中有些方法是综合了两个原则。如果每个方法都能考虑到每种情形的特点，而不仅仅选择传统的对称网络结构，那么就可以大大减少费用。

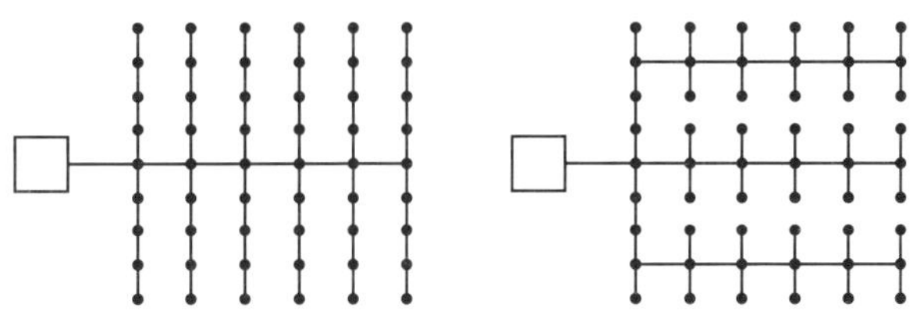

图 9-6　连接 54 个低压客户的不同原则

本书反复强调了系统性配电网设计的重要性，指出了配电网规划与设计是配电企业运营链中的一部分，因此与其他运营环节之间的联系需要进一步开发。例如，在开发一个质量保证系统的过程中，需要考虑和形成不同运营环节及其相互联系的合理性。

9.1.4.2 配电网设计中的合作关系

配电网设计及规划与配电企业的其他核心运营环节紧密相连，例如建设、运行和财务管理。它也与其他团体的规划紧密相连。配电网设计的质量既可以通过配电企业之间的相互合作也可以通过咨询企业与配电企业之间的合作得到改善。咨询企业具有实用的配电网设计方法以及有机会利用已开发的规划工具。

配电网络规划几乎毫无例外地由配电企业负责，而且在很大程度上独立于其他电网设计。这似乎与企业形式无关，也就是说，不论股份型企业还是市政型企业，在这方面是一样的。一般的区域计划包含了电源部分，这一部分包含了所有已规划的110kV线路。建筑设计和土地使用计划直接主导和控制着土地的使用。土地使用规划部门和配电企业规划人员之间应该保持持续及相互信任的合作精神。通过这种合作，可以提前做好配电网规划，并且配电企业通常相对不大的更改也能在土地使用规划中得到考虑。如果有关110kV线路、主变压器、中压架空线和配电变电站的准备也可以包含在土地使用规划中，这将非常有利。实际上，从现有的土地利用规划中放弃已预留的空间通常要比增加新的空间容易得多。

构建中压、低压线路和柱上配电变电站所需要的土地，通常是通过土地所有者和配电企业之间的租赁合同得到的，而为建设配电线路几乎是没必要征用土地的。

配电企业不仅要与负责土地使用规划的有关部门沟通，而且还要与通信网络、道路和其他公共事业服务的规划者在各级组织层面上确保有效的沟通，这样配电企业可以增加设备安装的效率。通过这种方式，就可能避免破坏电话线路或者重复打开相同的电缆沟。如计划改造位于路边的一条长的中压线路时，就可以在芬兰路政管理的当地公路地区办公室编制的公路选线规划中加以考虑。

不同配电企业相应职位的人员之间已经出现各种非正式合作团体，例如，最大的农村电力企业（配电企业）的规划人员在合作中形成网络改进的建议。而随着电力市场的改变，这种合作正逐渐减少。

除了配电企业之间的合作，规划方法发展的重要合作伙伴是芬兰能源产业和芬兰国家技术研究中心。他们像私人咨询企业一样，为配电企业提供研究服务。

9.2 配电网维护过程

为使配电网的长期整体费用（投资、停电、运行和维护）最小化，网络维护的目标是保持配电网设备的状态良好。网络维护通常分成预防性维护和校正性维护两大类。预防性维护的实施，或者基于时间周期的维护方式来实施（time-based maintenance，TBM），或者基于设备状态的维护方式（condition-based maintenance，CBM），如图 9-7 所示。

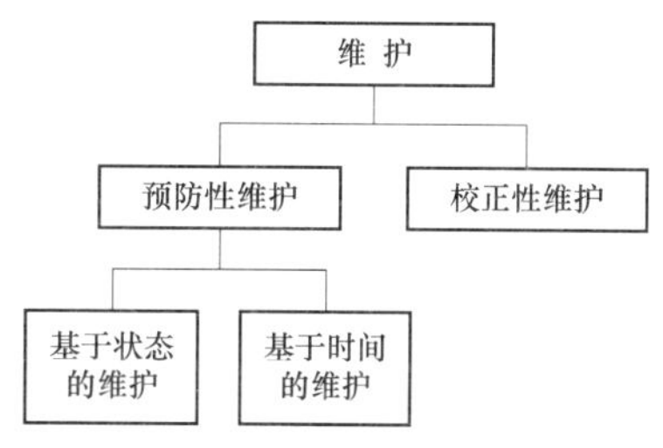

图 9-7 维护策略的分类

为不同的配电设备选择维护策略时，首先要找到校正性维护与预防性维护之间的平衡。

预防性维护的目标是防止在配电网内的失效。预防性维护的典型措施是：

（1）检查配电设备的状态；

（2）清理线路路径，清理配电变电站等；

（3）进行配电设备的周期性维护和改善。

对每个配电设备确定维护计划的一个方法是基于可靠性的维护（reliability-based maintenance，RBM），如图 9-8 所示。在基于可靠性的维护中，其关注点是配电设备的实际状态及其该设备在配电网中的重要性。如果该配电设备对配电可靠性的影响很小，那么维护措施可以只在必要的时候进行，因此在实际中，这种维护措施可以被看作校正性维护。相反，如果设备对配电网可靠性的影响很大，那么就需要定期检查，以确保其状态不会在没有征兆的情况下恶化。当发现设备

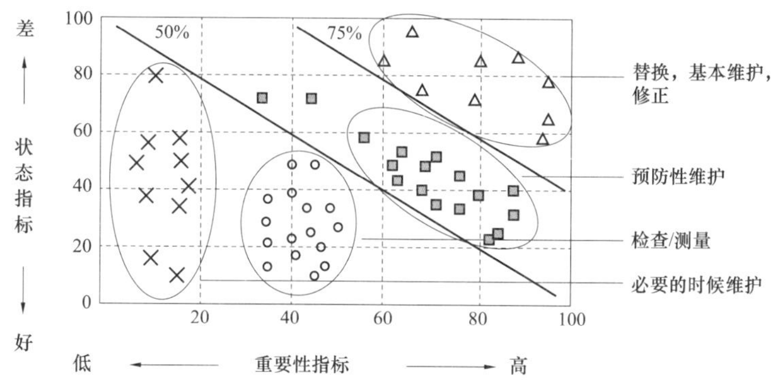

图 9-8 基于可靠性的维护策略

的状态已经恶化到一定程度，那么可以进行预防性维护。例如，如果测量发现绝缘水平下降，则可以更换或者清理变压器油。当配电设备的状况达到了其技术寿命期限时，那么可以进行更换（例如新的电线杆），或者对其进行大规模的维护（例如对 110/20kV 主变压器进行整体维护）以延长其使用年限。

根据电气安全法规，对于架空线网络，至少要每 5 年进行一次状态检查。在检查中，首先是确认配电网络安全方面的状态。对于运行了 20 年以上的设备，要进行更全面的检查，尤其要重视电线杆的状态。当电线杆接近其技术寿命期限时，就要进行如 5 年一次的状态检查。单个电线杆状态恶化时可以通过加强电线杆基础加以维护或者更新。如果电线杆的整体状态不佳，就更换整条线路的所有电线杆。在这种情形下，维护策略基于状态信息，即使电线杆达到了计划使用年限，也可能不会机械地进行更换。维护策略的子任务是延长使用年限，如利用加强电线杆基础来延长电线杆的使用年限。采用加强电线杆基础会带来附加费用，但是可以延长电线杆的使用年限。正确的维护方法是基于总投资情况来确定每个个案。

配电网设备非常多。因此，成功的预防性维护要基于相关数据库及所存储的状态数据。研究人员已经开发了或者正在开发不同设备的老化模型，这些模型可以用来确保在合适的地方进行适时的维护。

对于架空线网络，关键的维护工作是清理线路路径及其周围环境。通过去除新长的、容易弯折的落叶树木，可以明显减少由冰雪引起的故障。对于清理丛生于线路路径上的树枝，经证明，利用直升机进行清理工作是有效的方法。

低压网络的地下电缆通常是不进行预防性维护的。在中压网络，典型的检查是测量电缆的绝缘电阻和部分放电情况。

由于主变电站设备十分重要，因此需要进行定期检查。一般需要每年或者每两年进行一次主变压器的变压器油分析。对主变压器负载温升和主变压器油温要进行持续监控。对运行了 25~30 年的主变压器，也可以进行一种深入的整体维护。通过主变压器生产商对主变压器的基本维护，主变压器使用年限可以延长 10~15 年。为了检查连接点状况，可以定期对主变电站的母线系统和电缆终端进行热成像。

预防性维护的目标是保持电网设备处于正常工作状态。然而，除了预防性维护，也需要校正性维护。不可能完全阻止电网设备发生失效，例如很难预测树木是否落在线路上以及雷电所引起的故障。过度的预防性维护也可以增加总的电网费用。例如，对配电变压器每年进行全面状态检查及配电变压器油分析是不经济的。

对于校正性维护，关键因素是正确地评估所需的物力和人力资源。配电企业通常不会保持大量的库存，但是在基于与服务提供商和供应商所达成协议的条件下运行。在大规模故障维修时，除了要使用配电企业的员工，也要使用大量服务商所提供的资源。

9.3 电能质量管理

从客户角度来看，电能是一种产品，电能质量具有一些特点。从电力用户的角度来看，电能质量可以被评定为设备的电气运行状态，因此电能质量直接影响从电能上所获得的价值。电能质量要素与电压质量及运行中的各种停电有关，供电质量也包括客户服务质量，如图 9-9 所示。

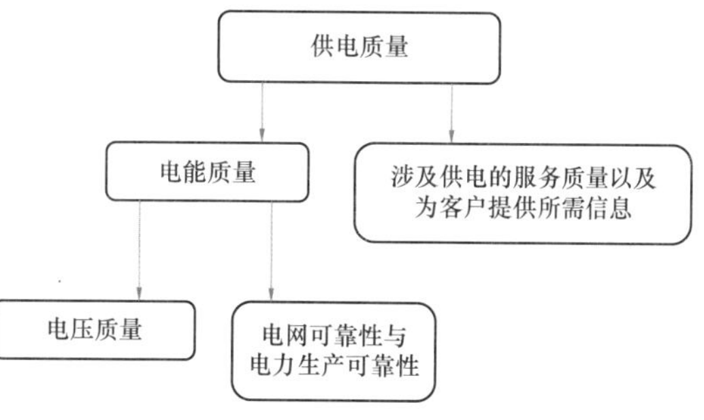

图 9-9 供电质量及其电能质量的要素

《电力市场法》强制系统运营商发展其电力系统，其责任包括给客户提供合格的电能质量。电能质量的确定、批准和控制是明确的工作。例如芬兰的《SFS-EN50160 标准》可以作为基准，与企业发展规划中的目标进行比较。

在一个配电企业，电能质量控制及管理方面的发展将用于支持客户服务，包括：进行电能质量报告、处理电能质量投诉和赔偿要求、解决客户问题、设计无功补偿等。

电能质量的控制和管理也在许多方面用于支持配电网规划、运行以及国家数据统计工作，如投资规划，电压波动、谐波和其他干扰的管理，故障和干扰状态下的运行，供电中断统计，能源管理局的需求。

9.3.1 电能质量的要素

欧洲的《EN50160 标准》（2000 年 1 月 24 日成为芬兰国家标准）定义了公共低压和中压配电网在正常运行情况下的客户供电电压的主要参数。这个标准给出了限制条件及数值，即任何客户所期望的电压特性。

这个标准并不适用于异常运行状态的情况，包括：

（1）故障后的情况、在维护和建设工作时为保证客户用电或使失电的范围和时间最小化所采取的暂时供电方式。

（2）客户装置或设备不符合相应标准或负荷连接技术要求。

（3）发电装置不符合相应标准或与配电网连接技术要求。

（4）电力供应商可控能力之外的异常情况，特别是异常的天气情况和其他自然灾害、第三方的干扰、公共机构的作用、产业行动（符合法律规定）、不可抗力以及外部事件所造成的缺电。

由于规定了许多限制条件及其数值，因此在一个特定的时期内，例如每周的周期内，95%的每 10min 数值应该在给定范围内，然而对于剩余时间没有规定这些限制。另外，对于某些特性有限制条件，即在正常运行状态的条件下的相关所有数值都应该满足其限制条件。

然而这一标准并没有对关于电能质量的所有特性设限。对于一些特性，这个标准仅仅给出了数值的范围。这些特性包括电压暂降、停电和过电压。这个标准对于一些特性甚至没有给出建议性的范围，例如正序电压分量、直流分量或间谐波，而是强调了配电企业对客户电能质量的责任及其决策。

根据《电力市场法》，如果电能质量不符合芬兰的《SFS-EN50160 标准》，那么其供电就属于事故，除非另有协议。为了补充这个标准的应用，芬兰电力协会（Finnish Electricity Association Sener）编制并出版了《配电网电能质量的评估》，从可靠性、电压质量和服务质量的角度解释供电质量方面的问题。

根据《SFS-EN50160 标准》的测量方式，电压波动、谐波电压和电压不平衡为每 10min 的均方根值，频率以 10s 平均值，主干线电压以 3s 平均值，闪烁 P_{lt}值以每 2h 的值。由于定义了限制值，在一周周期内应该保证上述提到的这些值在 95%的时间内满足规定的范围。因此，为了能够进行测量，测量设备应该有能力在整个一周的周期内持续记录测量数据。

9.3.2 低压网络的供电电压特性

《SFS-EN50160 标准》给出了以下有关供电电压和可靠性的特性：

（1）供电频率；

（2）供电电压幅值（低压供电电压为 230V 及其中压供电电压）；

（3）供电电压变化范围；

（4）快速电压变化；

（5）快速电压变化的幅度；

（6）闪烁的严重程度；

（7）电压暂降；

（8）供电电压的短时中断；

（9）供电电压的长时间中断；

（10）带电导线与大地之间的暂时工频过电压；

（11）带电导体与大地之间的瞬时过电压；

(12) 供电电压不平衡;

(13) 谐波电压;

(14) 间谐波电压;

(15) 供电电压的主要信号电压。

接下来，将详细讨论低压网络中的上述特性。对于中压网络，参考其标准就可以了。

9.3.2.1 供电频率

供电电压的额定频率是50Hz。在正常运行情况下，每10s测得的频率平均值应该在一个范围内:

(1) 与互联系统同步相连的系统:

1) 一年的99.5%时间内为(50 ±1%) Hz;

2) 一年的100%时间内为50 $^{+4\%}_{-6\%}$ Hz。

(2) 不与互联系统同步相连的系统:

1) 一周的95%时间内为(50 ±2%) Hz;

2) 一周的100%时间内为(50 ±15%) Hz。

随着分布式电源越来越普及，配电网特定部分孤岛运行的利益正在增加。在这种情况下，使频率保持在所限范围之内是一个重要的挑战。

9.3.2.2 供电电压水平及其变化幅度

公共低压网络的标称电压是230V。在正常运行情况下，不包括故障和电压中断所产生的情况:

(1) 每周内供电电压10min均方根值的95%应该在额定电压的±10%之内;

(2) 每周内供电电压10min均方根值都应该在额定电压的-15%~+10%内。

在中压网络中，对于正常运行情况下，每周内供电电压10min均方根值的95%应该在其额定电压的±10%之内。

由于容许电压在这样宽的范围内变化，可以说其标准是比较宽松的。而且，这个标准仅仅覆盖了“正常运行情况”，不包括故障和电压中断所产生的情况。此标准应用于每10min的均方根值，并且容许的电压瞬时波动大于标准中规定的限值。实际上，如果超过了标准中规定的限值，持续供电就会出现问题，因为设备可能会出现问题。因此，在这个领域内定义了更严格的限制规范——正常的供电电压波动应该在-10%~+6%内。

9.3.2.3 电压快速变化

电压快速变化的定义为，电压均方根值从一个水平到另一个水平的单一快速变化。这种快速变化主要是由客户负荷设备的变化或系统中的切换所引起。根据标准，在正常运行条件下，电压快速变化通常不超过额定电压的±5%，但是在一些情况下每天有时会出现达±10%的短时变化。

闪烁是由光源的亮度或频谱分布随时间波动所引起感受不稳的视觉印象。电压波动会引起灯泡亮度的改变，这会引起被称为闪烁的视觉感受。闪烁严重程度的指标为基于测量电压波动的 UIE-IEC 闪变计所规定的闪烁强度。用短期或长期的闪烁严重程度指标来评估闪烁严重程度。在正常运行情况下，一周内的任何一段周期，应该有 95%时间内长期闪烁严重程度 $P_{lt} \leqslant 1$。

对于不是经常发生的、非周期性的电压快速变化，容许范围为 5%～10%，这远远超过了对闪烁设定的限值。

9.3.2.4　供电电压暂降

该标准并没有为电压暂降出现的频率和持续时间设定限值。然而，该标准给出了电压暂降的定义。在低压配电网，当供电电压突然下降到额定值的 1%～90%，且在很短的时间内恢复时，这就等于发生了电压暂降。

电压暂降通常是由配电网的故障或者电机启动所引起的。在具有接触器的电子装置和设备中，电压暂降会引起存储误差或运行中断。本书 3.3 节介绍了电压暂降的计算。

9.3.2.5　供电电压的短时停电

短时停电是指由暂时故障引起的，持续时间最多不超过 3min 的停电。该标准没有为短时停电的数量设定限制。

9.3.2.6　供电电压的持续停电

持续停电是由持续故障引起的、时间超过 3min 的停电。该标准没有为持续停电的次数或持续时间设定限制。

9.3.2.7　带电导线与大地之间的暂态工频过电压

暂态工频过电压经常出现在公共配电网或客户装置发生故障的时候，并随着故障的清除而消失。通常，由于三相系统中性点电压的漂移，工频过电压会达到线电压的量值。该标准仅仅给出了在一些情况下过电压的指标性数值，例如变压器高压侧发生故障会在故障电流流过时在低压侧产生暂态过电压。这种工频过电压的均方根值通常不会超过 1.5kV。

在接地故障或负荷开关操作时可能会出现暂态工频过电压。

9.3.2.8　带电导线与大地之间的暂态过电压

根据该标准，暂态过电压的峰值通常不会超过 6kV，但是偶尔也会出现更高的峰值。电压上升时间的范围很大，从毫秒级到小于一微秒。

暂态过电压经常是由切换开关所引起的振荡或非振荡的短时过电压。暂态过电压衰减迅速，其持续时间最多为几毫秒。

配电线路附近的闪电会引起快速的过电压，其上升时间非常快，为微秒级。

这些过电压通过配电变电站和电缆与架空线连接处的电涌保护器放电。

9.3.2.9 供电电压不平衡

在每周的95%时间内，正常运行情况下供电电压负序分量的10min均方根值应该在正序分量的0~2%内。在一些具有部分单相或两相连接客户装置的区域，其三相供电端的不平衡度会高达3%。

另外，在三相配电中，大部分的客户负荷是单相的，它们在相间的分布是不平衡的。电流不平衡会引起电压不平衡。一般采用对称分量系统的负序电压分量来测量电压不平衡。

9.3.2.10 谐波电压

谐波电压是一种正弦电压，其频率是供电基频电压的整数倍。

在正常运行情况下，在每周的95%时间内，各次谐波电压的10min均方根值应该低于或等于表9-1给出的数据。谐振会引起某个高次谐波电压升高。

而且，供电电压（包括40次内的所有谐波）的总谐波畸变率（THD）应低于或等于8%。

表9-1　基于额定电压 U_n 的百分数的供电端25次内所有谐波电压

奇次谐波				偶次谐波	
非3倍谐波		3倍谐波			
次数	相对电压	次数	相对电压	次数	相对电压
5	6%	3	5%	2	2%
7	5%	9	1.5%	4	1%
11	3.5%	15	0.5%	6…24	0.5%
13	3%	21	0.5%		
17	2%				
19	1.5%				
23	1.5%				
25	1.5%				

谐波主要由客户的非线性负荷引起（如变频驱动器、电源、气体放电灯）。这些负荷的谐波经过网络的阻抗时会引起谐波电压。网络的谐振会明显放大谐波（如同一网络中的变压器和电容电池）。

负荷的谐波电流取决于设备的类型。通常低次的谐波分量（3次150Hz，

5 次 250Hz，7 次 350Hz）最大。

由于在配电网不同部分的谐波电压取决于谐波电流与阻抗的综合效果，因此，实际上给不同的客户组制订平衡的指导方针和设定容许的谐波电流是不可行的。通过按客户连接的最大电流成比例地设定谐波电流限制值，电网的谐波电流承受能力能够在电力用户之间平衡分配。目的是通过慎重地使用当前的技术建议标准来满足电压标准。

9.3.2.11 间谐波电压

间谐波电压是正弦电压，其频率在谐波电压之间，换句话说，间谐波的频率并不是基波的倍数。间谐波的水平正在研究之中，还需要更多的经验。

9.3.2.12 供电电压上的主要信号电压

公众供应商可能会利用公共配电网传输信号。一天的 99% 时间内，信号电压的 3s 平均值应该小于或等于标准所定的数值范围，即：

（1）0.1～0.5kHz：9% U_n；

（2）0.5～1kHz：（5%～9%）U_n；

（3）1～10kHz：5% U_n；

（4）10～100kHz：（1%～5%）U_n。

在芬兰的电工领域，除了《SFS-EN50160》标准之外，也采用芬兰电力协会 Sener 出版的《配电网电能质量的评估》的建议。这个技术建议于 1996 年第一次发表，最新版本于 2001 年发表。

这个技术建议定义了电能质量的关键要素，同时考虑了出版时的知识水准情况，为电能质量提出了实际可用的测量和评估准则。

该出版物介绍了评估测量结果的电能质量标准。表 9-2 介绍了低压电网的数值数据（没有给出停电中断的数据）。

表 9-2 低压电网电压质量准则的概要

电压特性	高标准电能质量	标准电能质量	SFS-EN50160 对应的数据	注释
频率	50Hz±0.5%	50Hz±1%	一年 99.5% 的时间：50Hz±1%；一年 100% 时间：$50^{+4\%}_{-6\%}$ Hz	每 10s 一个测量周期
电压波动	220～240V，平均值：225～235V	207～244V	95%：U_n±1% 100%：$U_{n}{}^{+10\%}_{-15\%}$	每周的 10min 均方根值
电压快速变化	$P_{st,max}\leq 1$ $P_{lt\,max}\leq 0.8$	$P_{lt\,max}\leq 1$	95% P_{lt} 值≤1	

续表

电压特性	高标准电能质量	标准电能质量	SFS-EN50160 对应的数据	注释
谐波	$THD \leqslant 3\%$	$U_h \leqslant$ 表 9-1 中的值和 $THD \leqslant 6\%$	$95\% U_h \leqslant$ 表 9-1 中的值和 $THD \leqslant 8\%$	每周每 10s 一个测量周期
不平衡	$U_{uSh} \leqslant 1\%$	$U_{uSh} \leqslant 1.5\%$	$95\% U_{uSh} \leqslant 2\%$	每周每 10s 一个测量周期

电能质量分类的目的如下：

（1）关于电压质量，满足由标准电能质量设定的电网服务和供电条件要求。

（2）标准电能质量可以作为配电网规划基准，个别协议也可以超过标准电能质量水平的要求。

（3）如果需要，电能质量分类可以自由组合，因此对于某些因素（如电压水平），目标是标准电能质量，而对于另一些因素，目标是高标准电能质量。

9.3.3 电能质量的监测及其结果利用

配电网测量历来限于客户电能的计量、主变电站电压的测量和馈线电流的测量。与电能质量有关的测量，主要是在发生问题时应用移动测量设备进行测量。

在国家层面上，电能质量数据的收集基于客户的停电数据。配电网管理系统和运行控制系统支持这些数据的整理。在电网计算中，可能应用这些测量数据，而且可以把这些数据应用在与电能质量相关的各种仿真计算中，而传统计算只限于均方根值。

监测电能质量的一个重要的传统方法是客户反馈，可以更系统性地处理客户反馈。值得一提的是，电气设备工作不良的原因往往在于客户自己的设备或网络。

由于远程电能计量的增加，与电能质量相关的测量正在发生重大的变化。除了每小时的电能计量，远程读表的功能包括电压质量和停电数据的测量和储存。覆盖全部客户的远程读表可以持续、详细地监测和报告电能质量。

除了对客户的电能质量进行测量，配电网不同层级的测量也在不断地增加。在主变电站，通过测量进行电压质量和停电的控制是常用的措施。配电变电站也采取类似的措施。这些测量的目标是，尽可能全面观测电网各个层级的电能质量不同要素。

随着负荷、计费和电能质量测量的增加和综合，为配电网发展提供了支持信息。电能质量和负荷的持续监测提高了负荷模型和可靠计算模型的准确度，可以有效地将结果应用在电网发展规划和投资项目编制中。在实际情况中更加准确的信息可提高电网利用率，减少错误的投资决策。通过将电能质量测量和电网计算结合，可以找出在不同情况下的具体原因：是网络过于薄弱还是太多干扰性的负荷，同时找出造成这些干扰的实际原因。

9.4 自动计量读表

自动计量读表（automatic meter reading，AMR）已经变得越来越普及，2015年几乎所有客户的电表都为远程读表。一直以来，采用远程读表的主要驱动力是电力交易自由化：小规模的客户可以进入市场而无需购买能测量每小时电量的昂贵电表。然而，一直存在着使用精确的每小时电量数据的需求，而且由于远程读表技术已经变得越来越廉价了，因此其应用也迅速得以增加。

因此，自动计量读表的主要应用领域一直是电力交易用到的电量数据。测量数据也可广泛应用于电网运行，尤其是如果电表可以测量和记录电压质量、可靠性和用户信息的数据。自动计量的典型功能包括每小时的电量测量、电压质量的测量和记录、停电记录（短时或长时停电）、报警、开关的投切、负荷控制。

每小时的电量测量可以用来确定特定客户的负荷特性模型，因此可以使潮流计算更符合实际情况。而更准确、更适时的负荷模型也可以用于规划计算。

电压水平的测量为配电网的实际状态提供了信息，而且这些测量数据也可以应用于配电网发展的计算。因此，也可更加准确地分配用于提高电压质量的投资。

自动计量装置能够记录所有的停电事件，包括短时和长时的电压暂降。这能够准确统计特定客户的停电数据，而这准确的统计可以应用于如客户服务和标准补偿过程。

自动计量装置可以整合不同的警告功能。例如，可以报告供电中断。然而，应用这个功能时需要高度的信息过滤，因为如果中压网络故障，与网络连接的所有自动计量装置都报警从而阻断数据传输通道的话，则是不合理的。因此，警告功能特别适用于报告低压网络事故。具有合适算法的装置能够报告中压网络的线路断线（中压网络保护无法监测），低压网络单相和两相熔断器熔断，低压线路中性线的危险断裂等。

在自动计量装置中，可配置投切客户供电的设备。高级自动计量装置也具有客户负荷控制的功能。在未来，负荷控制将会变得越来越常见，例如，控制信号可以是电力市场价格、电力供应商的要求或系统频率信号。

9.5 分布式发电

电能通常是由大型发电厂生产的。大型机组的生产成本通常比小型机组便宜。大型机组生产的电能供给主干网或供给区域电网。配电网以辐射状运行的作用是十分明显的，电能只在一个方向上进行传输，从主变电站到中压馈线、从配电变电站到客户。通过从主变电站中压母线电压减去中压线路、配电变压器和低压线路的总电压降，就可以算出客户处的电压。在短路计算中，除非有大型同步电机直接连到线路上，短路电流均来自从主变电站上游的电网。

但情况正在发生改变。在不同的电压等级网络中出现了各种形式的发电电源，并且也出现在电力用户的网络中。

9.5.1 分布式发电的驱动力

小型发电厂的优点和缺点取决于发电厂类型。分布式发电的减排、总效率更高、多元化、发电厂选址更容易等优点赢得了欧洲决策者的信赖。

对于小型电厂，或者能源是免费的（风能、太阳能），或者其副产品是制冷或供热。当发电厂位于需要集中制冷或供热的客户附近时，也可以缩短传输距离。

在开放的电力市场上，电厂所有者可以得到以下十分重要的优势：建设门槛要求较低；发电厂的模块化及可扩展性；建设期较短；资本成本较低。

为了促进发电企业建设具有社会公共效益的分布式发电，颁布了有相关的监管及激励措施，例如：企业有义务通过一定的方式生产一定比例的分布式发电；配电企业有义务以固定的价格采购分布式发电的发电量；给予分布式发电以补贴；多种减税政策；支持产品开发等。

在芬兰，补贴额度有所变化，主要注重于产品开发。

9.5.2 各种发电方式

在芬兰，传统形式的分布式发电是小型水电和热电厂。20 世纪的早期，在许多靠近城市的小型水电厂开始进行配电运行，至今，已有数百个电厂连接到了中压和低压电网。使用最广泛的是同步发电机，而新型小型机组也常使用简单的异步发电机。

由于芬兰的气候条件，建筑物具有大量的供热需求。因此，从 1950 年开始，在人口中心的公寓楼区，社区供热已经十分常见。社区供热网络要么由单独的供热站供热，要么由热电联产电厂供热。同时在木材加工及其他制造业中，热电联产也十分常见。工厂主要以蒸汽形式利用热能。在芬兰，热电厂机组的容量通常很大，并连接在 110kV 电网。后来，越来越小的机组开始变得有效益了，例如利用热电厂作为商业温室能源的做法不断增加。热电厂的燃料种类范围很广，且总效率通常很高。

在丹麦、德国和西班牙，由于国家的支持政策和措施，风电厂的数量大为增加。新电厂的机组通常是兆瓦级的。风电机组的功率正比于叶片长度的平方和风速的立方。这意味着风电机组容量越大，输出功率的变化越大。然而，风力发电的一次能源是免费的。目前，正在北海建设离岸风力发电场。一个风电场的总功率可以达到几百兆瓦。

其他形式的分布式发电有：太阳能、内燃机、微型涡轮、燃料电池、小型发电厂。

9.5.3 对配电网的影响

连接到配电线路的发电机可以看作负的负载。因此，发电机运行时会提高邻近网络的电压。图 9-10 为配电网发电机提高电压示意图，其中实线为没有发电机时的线路电压分布，虚线为有发电机连接到低压网络时的电压分布情况。

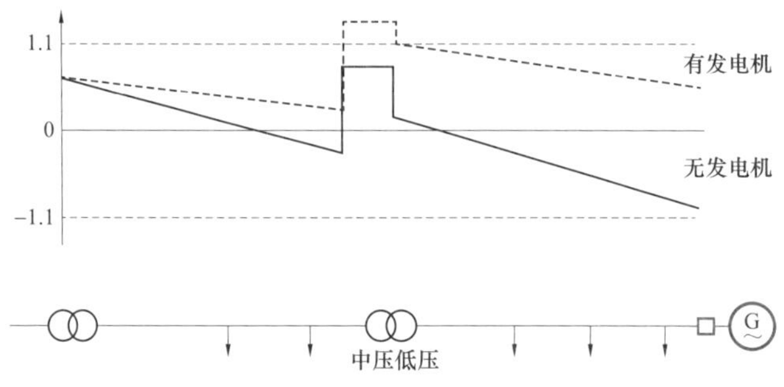

图 9-10 发电机（连接到配电网的）提高电压示意图

如果一个电厂位于中压分支线的末端，电压上升具有正面作用。电厂也会减少线路的损耗。然而只有保证电厂能够在峰荷时发电，才能减小线路的截面。风电场通常不满足这一条件。通过加强中压网络或改为环状运行，可以限制分布式电厂所造成的电压上升。因为分布式发电都会为网络提供一个新的供电方向，因此环状运行是不久未来的趋势。

通常，连接到配电网的分布式发电也会影响短路电流。这会引起为传统的辐射状运行所设计和制定的短路电流保护发生误操作的现象。

在图 9-11 的示例中，短路电流可能主要来自分布式发电机组。

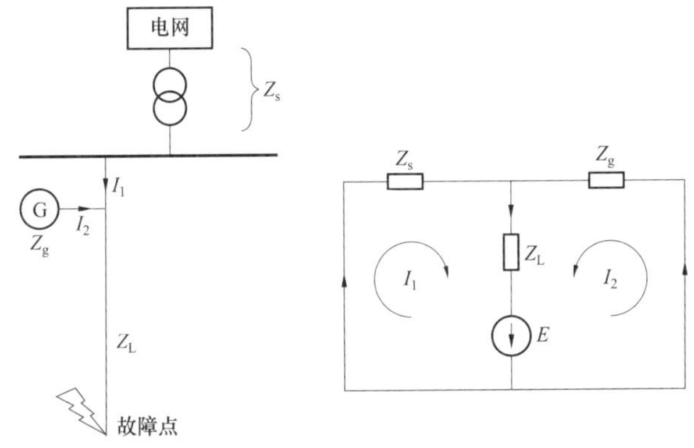

图 9-11　短路电流计算的等效电路

在图 9-12 中，馈线 2 的短路电流由高压网络和发电机两部分构成。主变电站短路电流保护的目的是打开故障线路 2 上断路器。如果由发电机提供的短路电流过高，并且在保护设计中没有考虑这部分分量，那么馈线 1 的断路器也可能动作，而这并不符合保护的目标。

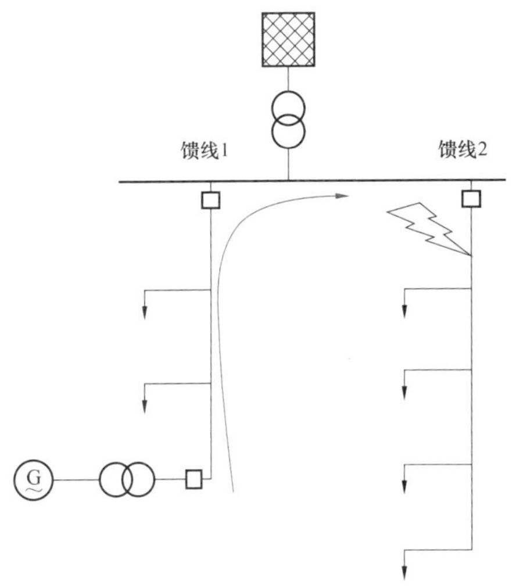

图 9-12　短路电流导致断路器误动示意图

解决这个问题的最简单办法是采用方向继电器，使发生故障的线路能有效地动作。

在含有分布式发电机的配电网中，难以采用快速自动重合闸。在死区时间，发电机将保持电压，因此使得电弧难以熄灭。然而，延时自动重合闸可能会导致发电厂孤岛运行，这种孤岛状态不可能正常运行，因为发电和负荷不相匹配。

大型分布式发电使配电网的网状运行成为一种可行的方案，这将大大影响电网保护及运行方式的规划和设计。

配电企业的收入包含收取的系统服务费，而这部分收入由电力用户和发电生产商支付。如果在客户消费地点的自发电取代了部分从配电企业购买的电能，则电力企业的收入将会下降。

在电力生产和消费的管理方面，分布式发电有它一席之地，其机会取决于发电厂的类型及其组织。

配电网设计工具

电力企业中大部分的规划与设计任务本质上具有其重复性，例如，将新的低压客户接入网络的计划、改造中压网络导线的计划。使用一些及时更新的图式规定或者使用根据企业需要而单独编制一些类似的规定，可简化整个配电企业的规划及其运营工作。这样就可以避免一些重复性的工作，如查阅导线手册、收集计算公式以及进行数值计算。

当需要发展一个区域范围较大的中压网络时，或设计一个低压网络以及配置为数百个客户供电的配电变电站时，利用相关的软件是必要的也是实用的。通常情况下，市政规划在很大程度上就决定了配电变电站位置和线路路径。例如对于一个人口密集中心的电气化规划，很多因素会影响低压网络的布局。设计任务的核心问题是配电变电站的定容和选址，而这也会影响低压网络的结构，反之亦然。由于仅依靠规划导则不可能得到全面最优的网络解决方案，因此，配电企业一直使用基于计算机的网络数据库，甚至在进行较小的仿真及规划任务时也是如此，因为所需的数据容易获取，结果也能直接存档在企业的数据库中。

实际上，常见的规划任务是配电网改造的规划。在决定改造计划的优先顺序时，可以利用计算机计算进行校验，例如可以利用配电网数据和电费单上的用电量信息，计算电压降和短路电流。通过这种方法，可以获得配电网各部分电气状况的有用信息。

在芬兰，中压网络的校验计算早在 1970 年初在电力企业就已经很普及了。当年，这类数据处理技术在芬兰之外还相当罕见。现在，一些供应商可以提供各种网络信息系统。在采购网络信息系统时，非常重要的是事先指定配电企业的特殊需求，以及详细地指定所需的系统规模和接口。

通过充分利用网络状态的信息及开发相应的数据处理系统，可充分地利用现有网络的能力，避免仅为了安全而“配置过度的容量”。很好地掌握电网数据，也是配电企业实施电力系统自动化高级应用的先决条件。现代网络信息系统与各个支持系统之间，以及与信息系统的使用者之间都有着紧密的互动关系。

10.1 配电网设计指南

详细的中压配电网设计主要考虑导线截面及其机械结构的选型。配电变压器和各条低压线路的设计也考虑类似的问题。这种网络规划可以根据合适的选型指南由手工完成。为了支持最常见的网络规划任务，采用图形方式编制了各种设计指南。最简单的指南集是永久性选型的设计指南。导线截面选型指南通常采用图形方式。在详细的说明性指南中，有些参数是固定的，从而可简化图形。应用设计指南的主要范围有：确定新建线路的容量、确定更换导体的容量及进度、确定电压降、确定热稳定容量限值、校核承受短路电流的能力。

图 10-1 为决定 20kV 线路三相短路电流的示意图。

主变压器参数：电压 110/20kV，容量 16MVA，$U_k = 10\%$。

110kV 电网参数：短路电流承受能力 $I_k = 20kA$，$U = 22kV$。

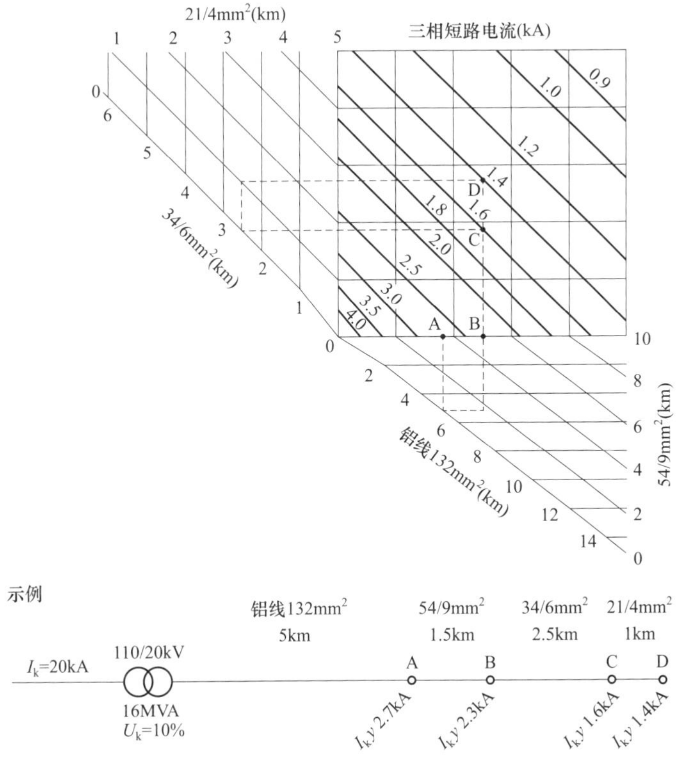

图 10-1 决定 20kV 线路三相短路电流示意图

设计指南经常也包含费用数据。图 10-2 为设计指南的一个示例，适用于重复性的、与电气化方案的选择有关的设计任务。

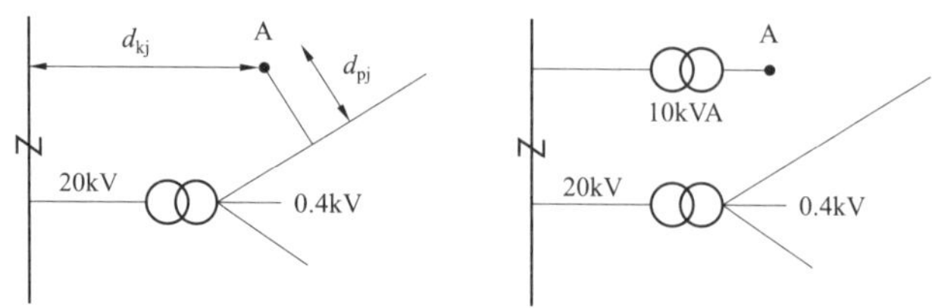

图 10-2　给居民住户 A 通电的不同方案

考虑各个方案及其与电气化项目的位置和用电需求的关系时，其投资及运行费用也可以编制成出图表，以助于电气化方法的设计和选型。如果考虑电压降和接触电压保护（自动快速切断电源），将会提高设计指南的用途。在 1970 年计算机还不普及的情况下，进行发展地区的大型电气化项目时，图 10-3 那样的设计指南就已经是十分有用的。

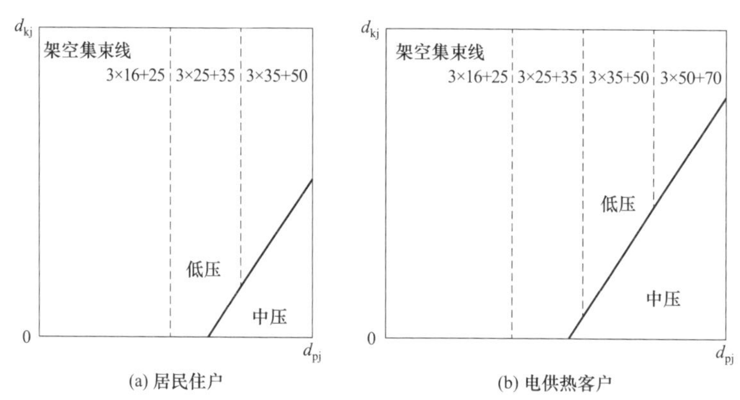

(a) 居民住户　　(b) 电供热客户

图 10-3　电气化方案的设计指南

如果人工、配件或电能的价格变化很大，就需要修订这种设计指南。不可以照搬课本上的说明或也不可以照搬应用于其他配电企业的说明。图 10-1 给出的确定短路电流的设计指南没有包括成本数据，因此只需要在安全法规或导线截面发生变化时才进行更新指南，与包含快速变化参数的设计指南相比，其线路升级时间较长。

通过对芬兰能源工业协会 ET 提出的网络规划导则进行综合编制，可以大大简化制定特定企业的设计指南的过程。其工作结果可以直接或对设计准则里进行一些修改之后，可用作配电企业内部的一部分设计指南。

对于能否成功应用设计指南，其非常重要的实际问题是，配电企业安排正确使用设计指南的培训，并且在指南更新后，保证规划工作的全体成员能够及时得到并正确理解其更新内容。

由于网络数据库的快速发展和大量使用，使得纸面图式的设计指南（表格和列线图）的应用范围缩小了。然而，视觉效果良好的设计指南，其优点是它通常会阐明初始数据对结果的影响。因此，设计指南仍然有助于思考和培训。

10.2 配电网信息系统

在20世纪60年代，自动数据处理被引入到了配电网数据管理中，那时的主要目标是对各种设备进行登记。当这些数据经电网拓扑数据（不同线路的相互连接关系）补充，并与计费信息文件建立关联后，就可以进行潮流和短路电流计算。这样，建立了第一个基于公用数据库的电网信息系统。这些应用被称为基础数据系统，尚未包含电网地图信息。这些应用计算在数据处理中心以批处理模式运行，每年1~2次。

目前的电网信息系统是面向数据库的图形电网信息系统（被称为自动制图/设备管理图形信息系统，automated mapping/facilities management graphic information system，AM/FM-GIS）。其典型特征是地图界面，对象特征数据的查询（例如直接通过鼠标点击），结果可以附加到电网图中。

10.2.1 信息管理技术方案

面向数据库的信息系统包含数据库、数据库管理系统及其应用程序，如图10-4所示。数据一旦存入数据库，就可用于各种应用程序。数据储存和应用程序相互独立。目前，最常见的一类数据库软件是关系型数据库。这类数据库可以灵活地进行修改和扩展。

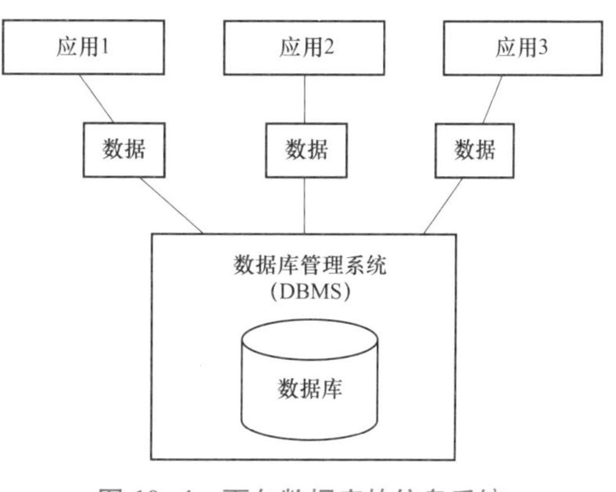

图10-4 面向数据库的信息系统

从使用者的角度来看，各种使用者的应用程序（例如维护、设计、规划和计算程序）是非常重要的。如果可以使用一个相同的接口于不同的应用程序，那么信息系统的运行将会变得更容易。在这种情况下，查询、改变和删除等处理过程在任何地方都是相同的。

通常，电网信息系统规模大、信息种类多。事实上不同于管理信息系统，电网信息系统不仅是数据汇集和电网数据文档环境，而且也是设计系统。

图 10-5 列出了与电网信息系统相连的其他数据系统。每个系统都有其基本数据，并自行更新。如果其他系统应用相同的数据，则这些数据将会被拷贝并传送给相应的系统。传给其他系统的最重要数据包括：

（1）来自客户信息系统：供电点信息、客户及其用电的信息；

（2）来自系统监控和数据采集（SCADA）系统：开关和测量的状态变化；

（3）来自物资信息系统：设备信息；

（4）去往物资信息系统：设备和配件的预定数据；

（5）去往经济成本信息系统：基本工作信息、成本估算；

（6）来自全国和市政的地图信息系统：背景地图。

建立一个电网信息系统时，需要组织大规模的数据收集、数据输入和从老数据库中导入数据等。在信息系统的采购阶段，重要的是事先确定从不同运营领域的数据和仔细规划电网信息系统的使用可能性。

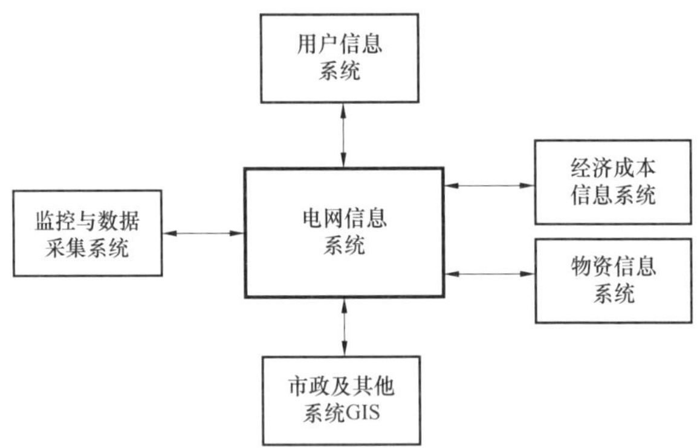

图 10-5　数据系统接口的示意图

电网仿真计算系统的目的和目标是，基于电网和设备数据产生一个功能良好和示意性的用户界面。在一般电网规划与设计时，各种规划和文档化应用程序需要这个界面。电网仿真计算系统也支持地图及图形生成。

在应用程序界面，以地图和图形的方式生成电网，包括：

（1）主变电站、开关站和配电变电站的示意图；

（2）1∶250~1∶1000 比例的定位图；

（3）1∶1000~1∶10 000 比例的中压电网和低压电网示意图；

（4）1∶10 000～1∶25 000 比例的中压电网总图；

（5）用于运行的中压电网示意图。

10.2.2 应用程序

网络信息系统可以包括许多应用程序，具体取决于信息系统供应商和配电企业。下面列出一些常见的应用程序。

（1）通用应用程序：

1）图形和数据的维护和管理；

2）对于现有的或规划的电网，打印和绘制地图、接线图、图纸、照片等；

3）对设备及员工的年度工作情况等进行总结和报告。

（2）通用规划应用程序：

1）区域负荷预测的管理；

2）水平年目标网络的生成；

3）年投资计划的产生；

4）网络容量的管理及发展目标的制定；

5）配电系统长期发展的总结，各种参数的计算（例如，监测计算的汇总）。

（3）网络规划和设计程序：

1）经济技术的规划与设计，网络改造的比较；

2）生成网络任务的规划文件（如基本工作数据、地图、成本估算、建设、设备）；

3）合同管理（如变电站、线路的土地使用权等）；

4）建设标准的管理。

（4）基建程序：

1）任务的协调和进度；

2）资源的规划和管理；

3）监督和报告。

（5）运行程序：

1）运行规划（技术的和经济的）；

2）潮流监视；

3）开关状态的监视；

4）开关计划；

5）故障管理（如故障定位和恢复供电等）；

6）事故电话通知；

7）事故报告。

(6) 维护程序:

1) 检测数据的管理;

2) 维护和设备数据的分析;

3) 历史维护数据的管理;

4) 检测和维护工作方案的管理。

10.3 配电网规划中信息系统的使用

前文已经讨论了配电网改造和扩展的规划中必须考虑的经济及技术因素。每个配电网规划人员可以从网络信息系统中得到相关数据、计算程序和输出程序。

通过网络信息系统，可以得到用于规划和设计的现有网络信息以及相关的设备和负荷等数据。对于配电网的扩展，例如主变电站和配电变电站的改造，需要负荷预测和不同方案的路径及地区的信息。原则上，在规划任务中，需要同时优化网络拓扑结构、开关设备和设施的位置、以及导线截面等。这个任务通常也包括同时处理两个电压等级的问题，比如配电变电站数目及其位置的优化。

运行分析的计算方法多种多样，例如混合整数线性规划，但是每一种算法都有其局限性。在实际的网络信息系统中，通常只为这些大型优化任务提供相对较少的计算程序，而经常调用的计算程序是线路总投资费用计算和电缆截面经济优化等。网络信息系统的最重要特点是具有灵活的图形界面，通过这一界面，可以模拟各种网络方案，然后可以有效地利用规划人员自己的经验和直觉。程序将依次计算各种不同方案的费用、检查各种技术边界条件，也可以对网络规划备选方案提出一定的修改意见。

在芬兰，从1980年起就开始应用了这种网络计算方法，并可应用于低压网络的设计和配电变电站的选址。这种软件也可以作为网络改造的规划工具。现有网络数据可以从网络数据库中获取，而新线路可能的路径和变电站的位置可用鼠标从屏幕或从数字化地图背景中的规划地图选择，并可在图形界面上监视目标网络的拓扑发展趋势。规划过程以人机对话的形式进行，直到电网达到设定的要求，然后进一步通过调整导线截面或电网拓扑，直到费用不再进一步降低为止。

主变电站选址和中压主干线的规划期明显要比上述规划期要长。在这类规划任务中，可以应用基于动态优化的方法。通过考虑负荷预测中的可能误差，用基于超出置信度的概率的动态优化方法来规划。因而得到一个投资链，可尽快地确定其中的近期投资。这种方法考虑了可能出现的误差，从而得到相对灵活的方案。然而，这个方法因其繁复性而没有得到广泛使用。

架空线路的机械应力和线路结构的设计与网络电气性能的设计不同。电线杆的位置、电线杆的长度和强度、横担和拉线结构，都需要满足规范要求的所有天气及负载条件。原则上，结构应力设计包括许多涉及成本、网络结构的机械强度、导线弧垂（电杆之间的导线弧度）等方面的计算，以及足够强度和耐久性结构的选择。实际上，结构应力设计是基于现有的选型指南及应用于不同天气和负载条件的导线弧垂模型。由于不同的土壤条件、道路和线路连接情况、障碍物、建筑物和其他环境因素，规划涉及的现场条件相差很大，因此，即使应用常规的规划方法，规划工作量也会如此之大，以至于不可能对不同方案的成本进行比较。通常明显也会有“容量过大”的风险。

因为架空线的结构和截面设计包括大量的路径计算和限值比较，可以充分利用计算机进行计算。为此目的而设计的程序可以计算作用在网络结构和导线上的机械效应及导线弧垂。程序也可选择电线杆的长度和强度及其结构（横担、拉线），使其不会超过为结构限定的运行条件，并且使得通道高度和最小间隔满足要求。程序可以针对所有必要的气候和负载条件进行计算。程序也可计算规划实施的总投资。通过电线杆的可选位置，规划人员可以很快地制订出比较方案，通过利用计算机的计算能力，可以将所考虑网络部分的建设成本以及对景观的影响减到最小。

网络信息系统作为一个工具，不仅可应用于实际的网络规划与设计，还可应用于其规划的文档化。核心的文档是网络的容量及其电气状态，以及说明性的图形输出。规划结果可以编制在网络规划地图中，标明其待建线路、待更换导体、待拆除线段、以及在规划和计算中确定的所有设备和任务或者其他与规划有关的所有设备和任务。设备通常被处理为标准包，标准包包括各个条目和工作量。标准包也可能包括结构示意图。结构包的汇总作为附件包括在配电网规划报告中，可以得到有关规划的所有设备和总工作量的列表。设备汇总直接传到物资管理系统，根据规划的时间进度，在那里物资处理为预定或订单。

配电企业绩效管理

11.1 配电网业务

《电力市场法》规定电网运营业务应该合法地从其他电力交易业务中拆分出来，这意味着电网运营业务应该由独立于其他任何电力交易业务的自主企业来开展。然而，这种强制性拆分仅涉及传输电能每年达2亿kWh及以上的配电企业。如果配电企业的业务规模小于这一数值，则应用基于计算的拆分实践。

11.2 配电网业务的特殊性

11.2.1 运营许可证

配电电网企业应该具有营业许可证。由能源市场管理局（Energy Market Authority，EMA）颁发电网营业许可证，指定其营业的地理区域。在该区域内，配电企业应该销售电力传输的服务并从需要其服务的客户那里收取合理的网络服务费，应该按照一定的技术规范将企业电网连接到电力消费点及电力生产装置处，并以合适的方式组织供电测量。另外，系统运营商有义务发展其电网以满足（客户和发电商的）需求。因此，电网企业对该区域内的电力传输业务具有区域垄断权。

11.2.2 输配电价监管

由于配电业务具有区域垄断性，因此也受到严格监管。在芬兰，每4年为一个监管期，能源市场管理局EMA收集和发布输配电价的信息，并监管输配定价的合理性和电网运营的效率。每年5月份，能源市场管理局提前决定当年容许的投资资本收益的合理范围。如果在监管期内配电电网业务的收益超过了此限值，能源市场管理局可以命令调低下一个监管期内的输配电价；如果配电业务的收益一直低于此限值，配电企业可以调高下一个监管期内的输配电价，以在下一个监管期内弥补亏损。

能源市场管理局也会确定一般企业和特殊企业在监管期内的效益目标。

11.2.3　资本密集度

配电电网业务通常具有资本密集度高的特点，需要长年持续投资且每年投资数额很大。投资也具有“费用性质”。用电量持续增加且不受系统运营商影响。因此，大部分投资的计划表都是提前确定的。投资的折旧年限很长。在计划折旧的计算中，折旧年限根据电网的不同部分而为10~30年不等。电网的不断老化形成了未来改造投资的需求。芬兰的配电网投资达到了2.5亿欧元/a。

11.2.4　接网费

以接网费方式进行融资是配电电网企业的典型融资手段。当一个电力消费点接入电网，那么被接入的客户应该为其接入支付接网费，接网费通常包含了连网成本。这个服务合同几乎无一例外的包括客户将其连接转让给第三方的权益，以及在客户终止其连接后企业退回接网费的义务。根据这一条款，接网费可以看作是服务合同签署方给系统运营商的无息贷款。在退回接网费时，要扣除拆除费，剩余的归客户所有。实际上，接网费被扣除拆除费后，所剩无几。

11.3　企业会计

企业会计的功能是记录和提供内部及外部财务的信息。会计提供财务报表以及其他各种法定及可选的报告和文件，如各类机构和纳税申报表所需要的信息。会计本来的职能就是记录或提供信息。在簿记中，记录了所有由企业承担和涉及他方的财务事件（采购、销售以及其他财务）。

根据其提供信息的功能，会计分成外部（财务）会计和内部（管理）会计。后者也被称为运营会计。财务（外部）会计受标准和规范控制，由按照《会计法》规定的簿记来表示。财务会计也利用其他信息，例如由股票会计和固定资产会计产生的信息。管理（内部）会计提供的会计信息，目的在于帮助管理者进行业务管理的决策，例如费用会计就用于这一目的。不同于财务会计，管理会计不受规范约束，而是根据企业管理的需要进行。

11.4　簿记和财务报表

企业簿记受《会计法》和《会计指南》所定义的法规和规范限制。下面将简要介绍簿记和财务报表。

11.4.1 簿记

簿记的基本功能是“分门别类”。通过簿记，企业的资产及负债可以区别于其他企业的资产及负债。簿记记录了所有的收入（所得）和费用，也记录了企业的资产及负债。除了具有分门别类的功能，簿记也具有提供财务报表相关信息的功能。财务报表应该显示这个财务年的结果是如何形成的（损益表）及企业在特定时间点（一般为财务年末）的财务状况是如何的（资产负债表）。

当企业需要生产要素时就会产生费用，如企业运营所需要的人员、材料、机器和设备等。当企业向市场销售其产品（如商品和服务）时就会产生收入（所得）。为了启动和维持企业的运营，企业应该以股东权益和债务的形式接受资本投资。债务应该按协议偿还，也应该给予投资者以补偿（红利）。股东权益被认为是无限期的投资，而且投资者参与利润分配。簿记除了记录费用、收入和财务，相关的调整和应付款项也作为交易记录其中。

簿记由簿记账目及这些账目中记录的财务组成。在复式记账（簿记）中，每一笔交易都记录在两个账户中；借方记录在左边的账户，贷方记录在右边的账户。借方账户显示资金用途，而贷方账户显示资金来源。在贷方侧，资金来源是收入和资本投资，而在借方侧，有费用、资本偿还和分红（利息、税金、股息）。当簿记账目记在借方侧，则说这个账目是记入借方，相应的，当记在贷方侧，则这个账目是记入贷方。根据业务交易的类型，这个账目被分成费用账目、收入账目和财务账目。根据一般会计原则，簿记账目做成特定的形式，简要介绍如下：

（1）现金增加记在现金账目的借方侧（借方），现金减少记在贷方侧（信用）；

（2）所有簿记账目记在两个账户，借方和贷方。在任何交易中，所有的借方总和都要等于所有的贷方总和（复式记账）。

遵循上述原则，每一账目将会披露资金来源及其用途。

11.4.2 财务报表

每个财务年都要编制财务报表。财务报表必须提供正确及足够的信息，以说明企业的运营结果和财务状况。

根据《会计法》，财务报表应该包括：

（1）显示财务年末企业财务状况的资产负债表；

（2）说明运营结果信息的损益表；

（3）说明现金来源和使用情况的现金流量表；

（4）关于资产负债表、损益表和现金流量表的补充信息（财务报表说明）。

给出上述报表的同时，也应该给出上一个财务年的相应数据作为参考。

《会计法》给出了编制财务报表和年度报告、开立账户的一般性原则。

《贸易和工业部指南（79/2005）》是关于拆分电力交易运营的指南，详细规定了市场化电网运营企业的损益表及资产负债表结构。

从事电力交易的团体或企业，每个财务年都应该向能源市场管理局 EMA 提交关于电力交易运营和系统运营的受审核的市场化财务报表及其附加信息，同时提交系统运营商的财务报表及其附加信息。

11.4.3 损益表

在配电网运营中，收入主要由客户支付的传输费组成。费用主要包括电网的运行费用、维护费用、资本费用和行政费用，其中行政费用一般最低。

损益表呈现了财务年的结果，并且显示了其结果是如何形成的。从营业收入（表 11-1 的 102 240 000 欧元，毛利）和其他运营收入中，日常运营费用类型在损益表以减额方式计入，分组如下：材料和服务、人工费用、折旧和价值变动、其他运营费用。其差就是日常运营的结果，称为营业利润/亏损（即表 11-1 中的 9 100 000 欧元）。将财务收入加到结果中，财务费用从结果中扣除，这产生了营业利润（亏损）7 600 000 欧元。接下来是非常规项，加上非常规收入或减去非常规费用，获得税前和坏账准备前的利润。然后，扣下拨款额，扣除收入税和其他税金，得出本财务年的（净）利润（亏损），即 2 960 000 欧元。

表 11-1 配电企业损益表示例 （欧元）

营业收入	102 240 000
其他运营收入	800 000
材料和服务	
材料和供应	
电能损耗	5 600 000
电网服务费	11 000 000
其他采购	16 000 000
存货变动	540 000
外部服务	8 000 000
人工费用	
工资和奖金	22 400 000
非直接的雇员费用	
退休金	4 800 000
其他人工费用	1 800 000

续表

折旧和价值变动	
计划折旧	
电网折旧	12 300 000
其他不动产折旧	2 300 000
其他运营费用	
租金	1 200 000
其他营业费用	8 000 000
营业利润（亏损）	9 100 000
财务收入和成本	
利息和财务收入	1 500 000
利息和其他财务成本	3 000 000
非常规项及税前的利润（亏损）	7 600 000
拨款	
电网累积折旧差的增加或减少	-3 600 000
收入税	1 040 000
财务年利润	2 960 000

其计算结果是基于收支相抵的原则。这个原则的观点是牺牲支出来获得与支出相当的收入。因此，损益表的计算是从收入（所得）中减掉由于财务年收入而需要支出的费用（成本）。这种财务年的收入和支出的分配称作应计。没有分配到财务年的那部分费用称作净账面价值，而将它列在资产负债表借方则称作费用资产化。在配电企业，电网投资是对收入获取具有长期效应的典型费用，并在折旧年限内被划分为直线折旧（表 11-1 中的 12 300 000 欧元）。相应的，如果商品的使用年限最多只有 3 年或其采购成本很低，其采购成本被直接列为财务年的采购支出。对于配电企业的输配电网，典型的折旧期为：

（1）20kV 和 0.4kV 电网：20~30 年；

（2）主变电站：20~30 年；

（3）配电变电站：20~30 年；

（4）电网自动化：10 年；

（5）开关站：10 年；

（6）电表：10 年。

折旧差额的变化可以记为拨款。根据《营业税法》，最大容许的折旧可能高于计划折旧。在这样的情形下，为获得赋税优惠，按计划折旧被补充到《营业税法》定义的折旧总量中。这就作为损益表较下部分的拨款中电网累积折旧差的变化（表11-1中-3 600 000欧元）。因此，总的折旧费用将为《营业税法》中定义的容许折旧费用。

《贸易和工业部指南（79/2005）》详细规定了市场化业务（如配电电网业务）的损益表结构。

11.4.4 资产负债表

资产负债表披露企业在结账日（资产负债表日）的财务状况，换句话说，企业在整个营业期的完成状况，就是说，企业在营业中得到的固定的或其他资产的总量。资产负债表有两个方面：资产和股东权益及负债。

资产部分列出了企业资本的用途。资产分为非流动（固定）资产和流动资产。非流动资产进一步分为无形资产和有形资产以及投资。非流动资产预期可以在多个财务年期间产生收入。配电网的最大资产是电力网，表11-2中的160 000 000欧元。电网企业的资产负债表显示了几年内电网投资与其折旧的差异。电网企业资产负债表中的价值通常远低于经济监管中的现值。这个差异是由于计算改造价值时的方法不同造成的，而这方法也用于计算电网的现值；改造价值按目前的投资成本计算。而在资产负债表上，投资是按投资日期的实际数额记录的。计算现值和资产负债表价值的另一个重要差异是不同的折旧年限。在资产负债表值中，所用到的折旧年限通常很短（20~30年），然而现值计算的折旧年限较长（40~45年）。

股东权益与负债部分显示了钱的来源。这一部分被分成股东权益、拨款、准备金和负债。配电企业通常有一笔巨额负债，即收取的客户接网费，作为资产负债表中的一项非计息负债，表11-2中的80 000 000欧元。

表11-2　配电业务资产负债表的示例　（欧元）

资产	
非流动资产	
无形资产	
无形产权	3 600 000
有形资产	
电网	160 000 000
其他有形资产	8 000 000
投资	
股份和股权投资	4 000 000

续表

流动资产	
存货	
原料和物料	3 600 000
应收款	
内部应收款	2 000 000
外部应收款	12 000 000
金融资产	3 500 000
现金和银行存款	6 100 000
总资产	202 800 000
股东权益和负债	
股东权益	
股份资本	5 740 000
往年财务利润	44 500 000
本年财务利润	2 960 000
累积准备金	
折旧差	20 600 000
负债	
非流动负债	
金融机构的贷款	40 000 000
非流动/不计息的负债	
待返回的接网费	80 000 000
计息流动负债	
贸易应付款	6 000 000
金融机构的贷款	3 000 000
总的股东权益和负债	202 800 000

注 《贸易和工业部指南（79/2005）》详细定义和规定了市场化业务的资产负债表结构。

11.4.5 年度报告

财务报表必须包括一个年度报告。企业通过年度报告提供关于其运营发展的重大事项的信息。根据《会计法》，在年度报告里，应该全面评估风险与不确定性、影响企业运营发展的各种因素，并根据企业的业务范围和结构来全面公正地评估财务状况和结果。这个评估应该包括评估企业的财务状况和结果时所用的关键数据。为此，应该呈现有关企业的人事、环境和其他因素的关键数据和其他信息。如果需要，财务报表中也应该给出关于这些关键数据的其他附加信息和进一步说明。年度报告也应该包括财务年期间及其之后的重要事件，评估可能的未来发展，并报告关于研究和发展的活动。

除了《会计法》，年度报告也应该根据《企业法》提供关于利润分配的董事会建议、脱离注册权的股本的增量，海外分部，企业所有的股份等信息。现金流量表应附加到年度报告中。

11.5 配电网运营关键数据

11.5.1 配电网运营绩效的关键数据

配电企业具有特殊性并受到严格监管，将其与开放竞争环境下的企业进行对比是不合适的。因此，不应该采用财务报表分析的常用关键数据，而是应该采用由能源市场管理局 EMA 的《贸易和工业部指南（1345/01/2005）》发布的电网企业关键数据。能源市场管理局 EMA 发布的统计表中也有比较数据，因为统计表公布了其他配电网企业的关键数据。根据一般公认的会计原则和已发表的导则，有用的关键数据是：

股本收益率(%)= 100×(非常规项及税前的利润-财务年税金)/[股东权益+(1-企业税率)×准备金+有价项目]

股权比率(%)= 100×{股东权益+[(1-企业税率)×准备金+折旧差]+有价项目+接网费}/(资产负债表总值-预收款项)

内部融资投资率(%)= 100×(内部融资+接网费的变化)/净投资

营业额增加(%)= 100×营业额变化/前财务年营业额变化

电网运营的投资率(%)= 100×电网营业的净投资/营业额

另外，《贸易和工业部指南（79/2005）》还包括净投资和电网运营投资的收益率两个关键数据，这两个数据以电网运营财务报表的附加信息给出。

净投资=财务年末资产负债表的固定资产值-财务年初资产负债表的固定资产值+财务年的折旧-/+重估/价值调整-/+基本大额性质的固定资产的采购/出售

电网运营投资的收益率(%)= 100×(非常规项前利润+利息和其他金融支出+租赁租金和租金利息)/(资产负债表总值-不计利息的负债+关于电网的租赁和租用责任)

11.5.2 配电网运营价格水平的关键数据

电网服务的平均价格按连接到企业电网的消费者和发电商分别给出，不需要在不同的电压等级上向其他人支付电网服务费，并分别给出增值税和其他非直接税费的比例（欧分/kWh）：0.4~1kV 电网（低压电网）；1~70kV 电网（中压电网）；其他电网（通常是 110kV 电网）。

平均价格在这里指的是，系统服务费按不同电压等级分别分摊到消费量和发电量，并除于不同电压等级上的消费量/发电量。

11.5.3 配电网效率的关键数据

配电电网运营费用分为损耗费用、人员费用、资本费用和其他费用，按从电网到终端用户的单位电量计算（欧分/kWh）。

附录 A 配电行业相关组织与机构

芬兰能源工业协会（ET）是一个制定工业政策和劳动市场政策的协会，主要涉及以下几个领域：电力的生产、采购、传输、配送和销售，地区的供热与制冷，电网和电厂的设计、实施、运行、维护、建设以及其他与这些领域相关的服务。几乎所有的配电电网企业都是芬兰能源工业协会的会员。芬兰能源工业协会的所属企业也进行出版书籍和培训人员的活动。在中国，类似的机构是国家能源局及中国电力企业联合会。

能源市场管理局（EMA）是贸易和工业部下属的一个专家机构。能源市场管理局的任务是监管和促进电力和天然气市场的运作，并规定排放交易的先决条件。该管理局还承担制定下列法律的官方责任：《能源市场法》（Energy Market Act）、《天然气市场法》（Natural Gas Market Act）、《排放法》（Emissions Act）、电力原产地认证的相关法律以及由这些法律所涉及的指南和法规。能源市场管理局的一项重要任务是监管输配定价。在中国，类似的机构为国家发展改革委员会。

芬兰电气工程师协会（Sähköinsinööriliitto，SIL）是一个涉及电气工程与通信及其相关领域的技术专家协会。该协会旨在发展相关领域的专业知识和技术，促进专业尊重。该协会出版期刊 Sähkö-TELE，还组织研讨会和安排技术参观。在中国，类似的组织有中国电机工程学会。

欧洲电力工业联盟（EURELECTRIC）是一个专业协会，代表着泛欧层面的电力企业的共同利益。该协会包括在其他几大洲的附属机构及联合机构，总部设在布鲁塞尔。在欧盟，EURELECTRIC 作为电力企业的代表，发挥着核心的作用，该联盟强调可持续发展的价值。EURELECTRIC 每年组织年度大会和一些小型活动。在中国，类似的机构是中国电力企业联合会。

CIRED 是专门从事配电研究的最重要的国际会议。CIRED 是法语单词 Congrès International des Réseaux Electriques de Distribution 的缩写（英文：International Conference on Electricity Distribution 国际配电会议）。每两年举行一次会议。其背靠的组织是 AIM（比利时）和 IET（英国）。欧洲以外的国家和地区也举行类似的会议，例如中国举办的 CICED。

国际电工委员会（IEC）是全球领先的组织，为所有电气、电子及相关技术领域制定和发布国际标准。这些标准奠定了各国标准化的基础，也是起草国际招标与合同的参考文献。SESKO 是 IEC 的芬兰会员组织。1957 年 8 月，中国以中华人民共和国动力会议国家委员会名义加入 IEC，1960 年 9 月改由中国电机工程学会参加，1982 年 1 月改为以中国标准化协会名义参加，1985 年改由中国国家标准局参加，1989 年又改由中国国家技术监督局作为中国国家委员会参加 IEC。

电气和电子工程师协会（IEEE）是全球最大的工程师协会，也是一个非营利性组织。IEEE 出版电气工程领域的各种高水准期刊（如 Transactions on Power Systems）。每年的夏季会议、冬季会议和其他会议充分体现配电领域的技术水平。该协会发布配电实践方面的标准，出版书籍及其他资料。在芬兰，有一个 IEEE 芬兰分会，许多理工科大学有各自的 IEEE 学生分会，2006 年成立了“工业应用/工业电子/电力电子/电力工程的芬兰专业委员会”。IEEE 于 2007 年获得中国政府的批准，在北京设立代表机构。目前，IEEE 在中国已成立 7 个分会、67 个专业委员会、30 个学生分会。

附录B　发展中国家的农村电气化

B1　引言

和工业化国家相比，发展中国家农村地区的电气化和持续供电具有很多特点。在过去的125年里，大约有40亿人口步入电气化生活。如果想在未来的25年内给全世界人口供电，则需要以更快的速度及在更困难的条件下为其余的40亿人口铺设电网和供电，即使完成其一半的目标，也将是十分困难的事情。

经济问题不应该是电气化的唯一标准，一般应用包括社会、经济、环境三方面因素的“三重底线”模型。对于一个具有可持续性且功能完善的配电系统，需要达到长期的收支平衡。实际上，电气化发展变化已经很大。一些发展中国家的农村电气化比例已经较高，例如泰国、哥斯达黎加和突尼斯。相比之下，很多撒哈拉沙漠以南的国家，电气化比例则低于10%。不同国家之间和同一个国家内部不同区域的条件差距很大。因此，给出一般性建议和结论时需要十分谨慎。

B2　供电区域的基本情况

B2.1　电力需求估算

在电气化规划过程中，最重要的问题是电力需求的估算。电力需求取决于用电方式。如果房屋空间很小且仅需要照明，人均约100~200W就足够了。如果使用电冰箱和电视机，人均约需400~500W。在寒冷地区，例如尼泊尔，在冬夜里十分流行使用暖风机，约需1000~1500W。如果还要考虑烹饪，其电力需求将接近工业化城市的公寓或住户。一般来说，同一个地区的家庭用电方式十分相似，这使得其峰荷同时率很高。

B2.2　电气化的发展策略

在最不发达地区，人们的电力消费最低，因为他们负担不起配电运营商（DSO）或者售电公司的设备和费用。同时，对每个电力消费者来说，电网的固定成本会相当的高。此外，在一些墙体材料为黏土的地方，无法可靠固定接户线。在电气化之前，要考虑其他形式的基础设施，比如更加坚固的房子、学校和医疗设施等。在电气化过程中，首先将这些地区进行电气化覆盖，以便接入更多的负荷，这样就能以给定的成本提供最大的收益。

需要电气化的村庄经常处于边远地区，远离现有的高压、中压网络。柴油机组是最常用的分散式供电方式。如果可能的话，水电一般是首选，因为其运维成本较低，也可以考虑光能发电和风能发电方案，独立电网之间也可以相互连接。经验证明，互联电网比独立电网具有更高的经济性及可靠性。

B2.3 电气化发展的社会目标与社会环境

电气化和可持续供电是实现当地社会长期发展目标的重要组成部分。为了实现其目标，当地政府和有关部门还需开展相应工作，如表 B1 所示。

表 B1 实现电气化目标需开展的相应工作

电气化目标	目标的性质	相应工作
增加就业	经济	支持经济增长，使得电气化增加的生产力不至于造成就业的减少
增加农村工业化	经济	提供其他生产要素，开通市场和道路
增加家庭收入	社会经济	支持家庭生产性用电和创建当地企业
改善医疗服务条件	社会经济	提供医疗诊所服务
促进家庭学习	社会经济	改善上学升学率和成人读写能力，提供在家学习的资源
减少向城镇地区移民	社会经济或社会	改变城镇区域生活（机会和服务）更好的观点
减少贫困	社会	针对贫困户提供优惠价格且保证基本质量的电能
减少生物质能消费（燃料木材、肥料）	环境	宣传“免费”生物资源与电能的对比
提高能效	环境	支持高能效电器的采购

事实上，当电气化和可持续供电被看作当地社会长期发展的一部分时，当地居民和政府便会积极参与。这对于获得外国的资本和技术资助是十分重要的，还可以保证配电网的持续运行。政府和市政府一般是 DSO 的业主。对于边远地区的电气化，如果没有适当的补助，投资者很难找到赚钱的机会。此外，政府和市政府的干涉经常包含着腐败，有可能破坏系统性电气化过程，从而失去经济健康发展的机会和民众的信任。政治的稳定可以鼓励投资者和承包商，保证发展的可持续，而功能良好的供电也可以促进社会的稳定。

B3 经济方面的各种因素

B3.1 财务的长期平衡

为了保证配电网的可持续发展，必须保证财务方面的长期平衡。在发展中国家，由于获得国家财政投资建设和维持基础设施的可能性较低，常常需要国外的资金。通过发展银行，例如世界银行、亚洲发展银行、非洲发展银行等，可以申请捐款或者贷款。各国的国外援助机构也可以提供贷款。在芬兰，相关部门叫做“芬兰外交部发展政策部门”。融资是相当耗时的工作，一般只包括电气化成本的最基本部分。在所有的计划方案中，应该将资金也分配给运行、维护以及支持等工作。例如由于变电站的几个故障元件长时间没有修复，所有线路最终要从仍然能够工作的变电站部分进行馈电。因此，一条线路的单一故障，将导致大量用户的长时间停电。有时，即使最需进行且特别重要的计划也无法找到财政支持。另一方面，当地合伙人（例如政府、DSO）合理及时地利用资金的能力也是十分关键的一环。

B3.2 不同配电区域类型的考虑

DSO 的配电地区一般包括经济相对发达的城镇地区以及近期或者未来实现电气化的经济相对不发达的农村地区。不同地区的消费群体的需求会截然不同，前者需要更高的供电可靠性和电压质量，后者则期望支付较低的电费或者尽快实现电气化。具有财务平衡的缓慢和稳定进程是获得长期满意的唯一解决方案。很多发展中国家为边远地区实现电气化专门设立了组织，并与常规的 DSO 分开。

在电气化实现的过程中，通常最先规划最有可能产生负荷的地区，这样可以从给定的成本中获得最大的利益。人们的生活方式对可以获得的经济资源影响很大。大型农场、本地工业和公共服务对所在区域的发展也有利。在经济得以发展的情况下，更多的家庭将会得到供电并且能够支付账单。

B3.3 消费者需要支付的费用

消费者需要支付的费用包含电器设备费、室内安装费、电网连接费、网络服务费和电费等几个部分。网络连接费经常用补助金的方式免去。有的 DSO 为了得到更多的用户接入，申请了一种政策——网络连接费不需要在连接之前交付（以免去连接费用的方式），而是分配在接下来的几年内，涵盖在网络服务费用中。在工业化国家，大用户的电量电价一般比小用户低；而在发展中国家，初始的电量电价一般十分便宜甚至是免费的。考虑到社会因素，一些国家使用逐渐递增的电价模式，例如贝宁、巴西、尼泊尔、坦桑尼亚和泰国，很少采用在工业化国家那样的固定电价方式。然而，上述的电价运作方式与实际的供电成本结构相反，因此并不能支撑缓慢和稳定的发展过程并获得长期财务平衡。

B3.4 电费的计费方式

电量电表通常是按月度表计费的，需要客户月内交费，因此每次费用不会特别高。在很多地区，较高比例的用户忘记或者拒绝付费，这会导致停止用户供电，甚至政府办公室有时也会拒绝付费。预付费方式是十分常见的，可以减少拒绝付费情况的发生。窃电事件时有发生，造成电网的“非技术性网损”，使用特殊构造的同轴电缆作为接户线是减少窃电现象的一种方法。

需要更多的创新性技术以节约供电费用，特别是在一些条件较差的地方。例如，可以通过小型熔断器或电流限制器来限制电力消费，或采用无需测量的固定电费。

B4 应用技术

许多发展中国家过去是欧洲国家的殖民地。因此，经常采用其“母国”或者后来援助国的经验。但是由于缺乏对气候、寄生虫、负荷密度或者建设成本等很多基础条件的深思熟虑，导致一些规范并不能满足当地的要求或者建设成本过于昂贵。一个重要的政策问题是可否接受以较低的供电质量标准而为更多的人口提供电力。以下介绍几种可能应用的技术。

B4.1 基于计算机的网络信息系统

对于发展中国家的规划和文档化，基于计算机的网络信息系统（AM/FM-GIS）也是十分有用的，同时需要根据当地条件对这些工具进行改造。

B4.2 中低压电压等级的选择

当应用传统的三相中压和低压网络方式时，在低负荷密度的情况下，会采用较长的电线。如果采用20kV，则意味着线路的输电距离可能会达到100km；如果采用0.4kV，则线路会达到3km。一些情况下，传统的单相替代方案可能更加合理。北美的电网咨询公司经常推崇单相方案。不过，几乎没有单相的大型电动机，即便有，也比传统的三相电动机贵的多。

在最近的电气化中，采用了更高电压等级的配电网电压，尤其是农村地区的架空网络。比如泰国、坦桑尼亚、南非、苏丹和赞比亚，新的配电网络采用 33kV 中压电压等级。这一电压等级使得线路有效长度可以达到 100km，因而在经济上十分具有吸引力。这些长线路的一个特殊问题是，负荷较低时电压升高，可能需要在配电变压器上安装额外的电抗器。在夜间，这些电抗器自动投入。在城市中心，一般采用 10kV 配网电压等级和电缆网络方案。使用 33kV 电压等级的先决条件是配电变压器绝缘技术的提升和过电压保护设备的价格降低，如果不再比 15kV 或者 20kV 电压等级设备贵很多时就可以考虑。将电线和其他元件的绝缘水平从 20kV 的等级提升到 30kV 的等级，其费用不会增加很多，不过使用更粗截面的导线或者其他更强的线路配件以提高线路载流能力，成本会增加很多。值得注意的是，线路电压降以伏特为单位，而不是以百分数为单位，而对于低压网络的客户来说，电压变化以百分数为单位。同样有名值的电压降，在 33kV 网络的电压变化百分数远比 10kV 网络的电压变化百分数低。

在常规的英国电网中，同时采用了 33kV 和 11kV 两个电压等级。经常看见电压等级从 11kV 提高到 33kV 的网络改造，尤其是农村电网。欧洲制造商很少生产 33kV 的产品，因此他们从发展中国家采购，例如俄罗斯、中国和印度等。

B4.3 中压线路技术

在合适的条件下，很多的特殊技术可以用于节省资金。下面介绍单导线大地回路（single wire earth return，SWER）和屏蔽线（shield wire scheme，SWS）中压技术。需要强调的是，尽管特殊技术可以使得投资明显减少，但是这些技术也有很多的内在缺点，需要在决策时谨慎考虑。

SWER 方式下中性点直接接地，设备投资成本较低，尤其是在中压系统。单相导线两电杆之间的跨度可以达到 300m 之长，因为不存在两个导线互相碰撞的风险。即使在一些土壤导电性较低的地方，大地回路方式也具有令人满意的效果。一般可以将 SWER 应用于负荷一般小于 1MW 的农村地区。在澳大利亚，建成的 SWER 系统大约有 20 万 km。其他一些国家的农村地区电气化方案也采用了这种技术，例如博茨瓦纳、巴西、喀麦隆、冰岛、纳米比亚、新西兰、南非和突尼斯等。

SWS 方案可用在沿高压线路的低成本供电地区。SWS 主要包括：

（1）为高压电线塔上安装中压屏蔽线的绝缘元件；

（2）从高压/中压变电站给屏蔽线通电；

（3）使用大地回路；

（4）通过屏蔽线和大地为连接负荷的配电变压器供电。

如果高压线只有一根屏蔽线保护，SWS 可以使用单相接地回路的方式。如果高压线由两根屏蔽线保护，利用大地作为第三相导线，可以变成一个三相的中压线路，见图 B1。

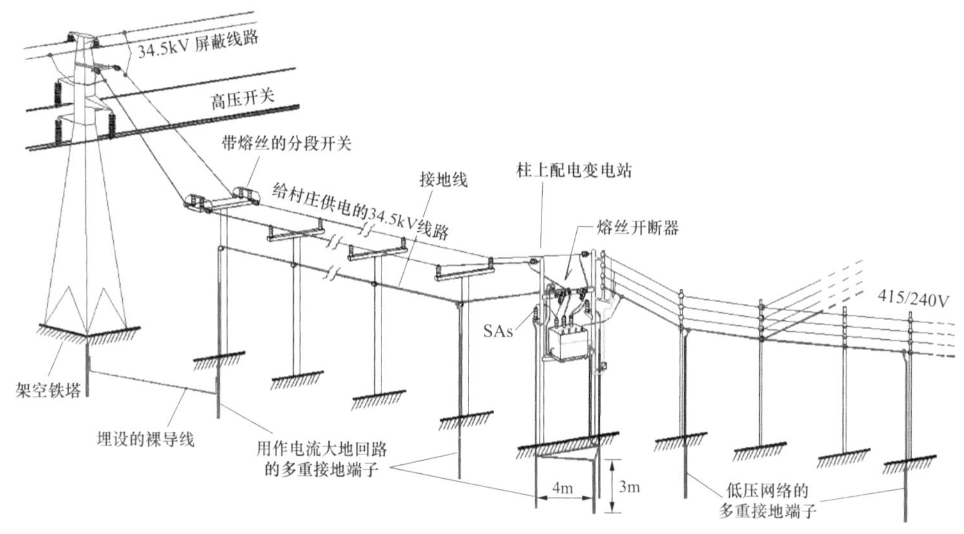

图 B1　屏蔽线技术方案的示例

在新建的高压线路中，SWS 方案使用截面约 100mm^{2}的钢芯铝绞线或者铝合金导线。SWS 方案同样也可以被用来绝缘现有高压线路的屏蔽线。通常屏蔽线是具有较高电阻的钢线，因此容量较低。三相 34.5kV 线路的典型最大负载能力是 2MW，输送距离为 100km。短距离输送的话，可以达到 10MW。

采用 SWS 方案的国家有贝宁、巴西、布基纳法索、柬埔寨、埃塞俄比亚、加纳、老挝、莫桑比亚、塞拉利昂、坦桑尼亚和多哥等。

B4.4　1kV 低压技术

1kV 电压等级也有可能被作为中间电压等级，例如放在 20kV 和 0.4kV 电压等级的系统中。这是低压等级中的最高标准电压，因此可以使用便宜的地下电缆和架空导线。比较可行的范围是高达 50kW 及输送距离超过 5km，这种技术在芬兰的林业地区得到了令人满意的效果。一些应用例子可参见 7.7 章节。使用 1kV 替换 0.4kV 时，可以得到更高的输送能力。替代 20kV 线路时，线路的宽度大大减少，并且由暴风雪带来的电力中断也大大减少。在考虑成本评估时，要考虑增设变压器的成本。在发展中国家的某些地区，1kV 技术也可能是具有竞争力的方案。

B4.5 供电质量和电气安全

供电质量和电气安全至关重要，同时对于各种费用的影响很大。有时，DSO 仅仅把电能输送到村外的电线杆，各家居民需要自己建设接户线，接户线有时可能很长。一个更好的服务方式是把电能输送到各家的电表或者类似的汇集点上，或者教育当地人员安装和维护这些供电通路上的终端线路。在后者的情况下，可以就地结算账单，仅有的电表可以安置在配电变电站。当地人员可以安装独立的本地太阳能系统。较低电压等级（12~48V DC）可以容许较低资质的安装人员。当生活在同村的人员承担了一些责任，则非技术性的电能损失将会降低。简单的安装和组织可以减少成本，也可以使更多居民有机会用上电。

B4.6 能效技术

在安装新设备时，必须考虑能效问题。应该尽量选择高能效的电器（包括灯具等）。在节能的情况下，客户在省钱的同时，还可以改善户内的空气质量。线路和变压器的电能损耗和功率损耗也是规划时需要考虑的重要问题。现今，很多发展中国家的总电能损耗十分高，甚至达到 30%~40%。

B4.7 电线杆的选择

对于农村地区电气化来说，电线杆属于基础设施。可以选择的材质主要有木材、金属和混凝土 3 种。由于木质电线杆的种类和制作方法以及土壤的影响作用不同，其价格范围变化也较大。木材电线杆较轻，但容易腐朽且受昆虫侵害。如果金属电线杆的椎体可以组装，那么在运输过程中就不占用空间。混凝土电线杆十分沉重，尤其在线路的转角和终端，需要强度较高的电线杆塔，预应力混凝土电线杆则比常规混凝土电线杆更加轻便。在沿海地区，金属的加固件很容易受到腐蚀。

B5 小结

农村地区的电气化并不仅仅是工程问题。成功的农村电气化需要多方面的协调，需要建立长期发展目标的系统，对需要电气化的地区进行排序和优化。需要考虑的内容包括投资成本、当地出资比例、当地的客户数和密度、可能的电力需求、接入的可行性、社会经济的潜力和能源的潜力（例如水能）。在很多案例中，促使电网延伸到某个区域的因素可能是有一个或多个重要客户，例如政府办公楼、医院、中学或者大型农场等。

对于农村地区的可持续发展，供电具有非常重要的作用，但是还需要其他一些必要条件，其中包括土地所有权的安全性、农业和制造业的引进、医疗和教育服务的引入、可靠的水供应和足够的居住条件等。如果电气化代理商能够与其他发展这些条件的组织进行协调合作，对于各方的发展都将十分有利。